目 录

由芙蓉村眺望芙蓉峰，峰下大屋为芙蓉村司马第（李玉祥 摄）

前言

在这本书里，我们呈献给读者的，是我们对楠溪江中游的乡土建筑研究的成果。

楠溪江在浙江省东南部的永嘉县，是瓯江最大的、也是最后一条支流。它的流域夹在括苍山脉和雁荡山脉之间，是一个独立的地理区。由于环境封闭，它也是一个独立的经济区和文化区。

1989年12月初，乍寒天气，胡理琛先生把我们带到了楠溪江，他主管着那儿的规划和建设，对那儿的乡土建筑物做过多次调查，写过介绍它们的最初几篇文章。

一到楠溪江，我们又惊又喜。古老的村落使我们感到非常的新鲜。村子里既没有深宅大院，也没飞楼杰阁；用蛮石原木造成的房屋是那样朴素真实，自然明朗，村子规划得那么严谨和谐，完整统一。大多数房子是外向的、开敞的、四面开门开窗的。它们需要间隔，因此每栋房子保持了它独立的形体，独立的品格，村子的大部分也因此比较疏朗，房前屋后竹树浓绿。整个村子的水系、街巷，有条有理，多层级的各种公共建筑物和活动中心分布在各处。渠边塘沿的大石条上，妇女们在洗涤；村头路口的小凉亭里，老人们悠闲地听收音机唱戏。生活的画卷展开在公众的眼前。从街上还能见到谁家用石臼打年糕，用木架晒面条。村落的建筑环境让我们这些陌生人都觉得亲切祥和。最出乎我们意外的，是许多村落里居然有公共园林，常常以大片的人工湖为核心。

等我们了解了楠溪江的文化史，我们再一次感到又惊又喜。原来东晋以还，历代都有代表当时最高文化水平的学者文人们到这里来任地方长官，来隐居，来游览山水，探访当地的名贤高士。诗文累篇，遗迹历历。其中最著名的当然是先后任永嘉太守的王羲之和谢灵运。谢灵运的后裔落籍楠溪江，至今谢氏村落已经将近二十座。我们踏着矴步，渡过清溪，来到幽谷深处的鹤阳村，祠堂里面康乐公的神位赫然尚在。村村溪边浣衣女的"鹅兜"差参成群，仿佛是右军饲养的白鹅变成。穿梭在楠溪江上的紫燕，大约背上还驮着乌衣巷口的夕阳，这真是一次奇异的感情经历，千余年的文化史，忽然浓缩到眼前，似乎可以触摸。

于是，我们兴致勃勃，初步调查了楠溪江中游的乡土建筑。我们大体认识到：第一，楠溪江有一些很古老的村落，有记载可查的，如初建于晚唐的茗岙村、下园村和五代的枫林、花坛、苍坡、西巷、周宅等村。建于两宋的就更多了，如芙蓉村、廊下村、鹤阳村、渠口村等等建于北宋，豫章、溪口、岩头、蓬溪、塘湾等村建于南宋。第二，许多的村落经过统一的、综合的规划。村子有围墙寨门，墙里有整齐的街巷网和水系，有礼制中心、文化中心、休闲中心和园林绿化等开放空间，有公共的生活设施。有些村落的规划是宋代制定的，至今还局部甚至大部保存着当年的遗迹，如苍坡村、塘湾村、芙蓉村等。这些村子的规划把建筑环境形成一个完整的生活服务系统。第三，不少村落里有许多明、清两代的建筑，甚至还可能有宋代的住宅，例如花坛村马湾的"宋宅"和蓬溪村的"李时靖故宅"，虽然暂时还不能确定它们是宋构，但从构架尺度和木料磨损程度看，它们确实是很古老的。在一些明、清时代的建筑上，还有在官式建筑中早就没有了的相当古老的做法。如生起、侧脚、柱子卷杀、月梁、圆栌斗、多层的丁头栱和杠杆式地起结构作用的下昂等，还流行各种减柱造的构架，许多村子里还有不少房子用木柱础，木抱鼓也在多处见到。第四，建筑类型很丰富，几乎包括了商品经济发展之前农村里可能有的全部建筑类型，尤其是文化建筑，如书院、

芙蓉峰下的三官庙（李玉祥 摄）

读书楼、文昌阁、文峰塔、文庙和一些起教化作用的牌坊和亭阁等等。园林和它的小品建筑也可以算是一种文化建筑。少数沿水陆交通要道的村落，如枫林、岩头、桐州、廊下和鹤盛等等，晚近也出现了一些商业建筑，甚至形成商业街道。第五，不论是村落规划还是个别的房屋设计，都表现出楠溪江人相当发达的环境意识，表现出他们对山川自然的亲切感和审美能力。村落选址、布局和人口处理，开放空间的设置，一些公共建筑和崇祀建筑的位置和形式，自然景物如山、水的因借，大型园林的开辟，住宅和文化建筑的形制和风格，蛮石和原木天然形态的自由运用，精致敏感的曲线曲面等，都是这种亲切感和审美能力的明证。第六，楠溪江建筑的风格非常平淡天然，就像它们的原木、蛮石一样平淡天然。正如庄子说的，“朴素而天下莫能与之争美”（天道），“淡然无极而众美从之”（刻意），楠溪江建筑美得就像那些纯朴的农民。楠溪江曾经孕育谢灵运的诗。钟嵘说：“汤惠休曰：‘谢诗如芙蓉出水，颜诗如错彩镂金。’颜终身病之。”（《诗品》）楠溪江建筑的美，也是谢诗

山形奇峻的芙蓉峰（李玉祥 摄）

“芙蓉出水”的美，比之于有些地区，如皖南的“错彩镂金”的建筑，它是一种境界更高的美。两者风格的差别，就是乡民性格与商贾性格的差别。不但个体建筑如此，村落的整体面貌也如此。第七，楠溪江大多数村落的布局以及它们的建筑物的形制和风格，社会性的分化还不大。最纯朴自然的民间建筑风格占着绝对的主导地位。大多数建筑物是独立的，保持着自己的形象和个性。除了少数宗祠和“进士第”之类的建筑物外，房屋大多外向开敞，不设防，不拒人，因此造成了整个村落的宽畅爽快，亲切安逸，教人感到乡亲们坦诚的胸怀。

楠溪江的乡土建筑，不但个体房屋与全国南北各地常见的内向院落式的大不相同，整个村落也大不同于由院落式房屋形成的、布满了曲折小巷的村落。那些小巷夹在高高的封护墙缝隙之间，阴暗而狭窄，个体房屋被连续的高墙吞没，失去了独立性，失去了自己的品格。生活场景大多被封闭在院落里。充溢在小巷的森严的防范性，叫人感觉到非常不安，仿佛被许多怀疑的眼睛监视着。中南和西南各省地区，如湘西、桂北、川中，也流行外向开敞的木构建筑。但那里过去文化经济落后，村落的发育程度低，建筑类型少，人文内涵浅，也没有这么完整严谨的规划，聚落的布局很松散。大体得到这些认识之后，我们可以说，楠溪江流域是一个独立的、特点鲜明的建筑文化圈，在我国乡土文化宝库中闪烁着特殊的光辉。

然而，“无可奈何花落去”，近年来农村经济蓬勃繁荣，村民们纷纷营造新屋，于是，大量乡土建筑被拆除。千余年来形成的和谐的建筑环境被破坏，多少高度发达的乡土文化的见证飞快地消失了。我们为新的建设高兴，也为文化遗产的毁灭伤心。于是我们决心放下从事了几十年的工作，趁楠溪江乡土建筑还没有完全失去之前，对它做一番研究，留下一份资料，聊尽我们对民族文化的赤子之忱。研究乡土建筑，必须有宽阔的人文视野。虽然搜集一批实例，罗列介绍，也不失为一种方法，但我们希望把工作做得更进一步。一方面我们打算把乡土建筑本身阐释得更深入，另一方面我们打算把乡土建筑与整个文化环境紧密联系起来阐释。我们对工作的设想是：第一，以乡土建筑研究来代替一向流行的民居研究。我们不赞成把民居从乡土建筑中割裂出来，单独地研究，更不赞成把民居之外的丰富多彩的乡土建筑类型弃置不顾。乡土建筑是一个完整的系统，它所包含的各种类型的建筑形成它的内部结构。我们不可能不分别地研究各种类型的建筑，但力求在结构的关联中来研究。我们更要研究系统的整体以及它和外部环境的关系，包括环境中的地理、历史、文化、社会等因素。第二，为了整体地研究乡土建筑，应该以一个一个基本的“生活圈”为单元，而不是孤立地研究单栋的房屋。只有以生活圈为单元，全面研究乡土建筑的各种类型，才能阐明人们生活的建筑环境和文化环境的联系。生活圈有相对的独立性，它有比较牢固的、稳定的内部联系和结构：或者是血缘的，或者是地缘的，或者是宗教的、行业的。它有一个或隐或显的凝聚核心，或隐或显的边界。在这个生活圈里，乡土建筑大致能自成一个系统。楠溪江的村落在自给自足的自然经济下形成，一个血缘村落就是一个生活圈，所以，我们在楠溪江可以拿单姓血缘村落作为研究单元。第三，我们打算把乡土建筑当作乡土文化的一部分来研究，乡土建筑研究应该是乡土文化研究当中的一个篇章。这要求突破就建筑论建筑这个流行的狭隘框框，扩大视野，开放思路，改变探索方向。文化的核心是生活模式和相应的价值观。村落和房舍，是生活的环境，生活的舞台，与生活有着千丝万缕的关系，交互影响。乡土建筑必然反映出乡村生活的模式和相应的价值观。阐释乡土建筑，不能不阐释它和生活的关系，从而阐释它和乡土文化的全面关系。第四，应该做动态的研究。一是社会、经济、文化发展引起村落和房屋变化，一是材料、技术的发展所引起的。只有在动态中，才能清晰地看出生活与作为生活舞台的建筑之间的相互影响和相互形塑的作用，尤其是聚落本身的发育过程。这也就是说，要研究乡土建筑的历史。第五，要采用比较的方法。一切事物的特色存在于它与其他可比事物的比较之中，通过比较才能认识事物特色。我们确定楠溪江是一个独立的建筑文化圈，就是把当地建筑的类型、形制、构造方法、形式风格和聚落形态等与其他地区的做比较，认识了特点，才得到的结论。在村子内部，把礼制建筑与居住建筑或者某些文化建筑比较，可以看到上层雅言文化与下层民俗文化在建筑上的不同表现，看到建筑的社会性分化与对立。用不同发育程度的村落和建筑物等做对比，也能比出它们发育的过程来；例如从原本只许在家里偏屋做买卖，到商业街道形成的过程。这种对比也能补充动态的研究。总而言之，我们希望在楠溪江乡土建筑的研究中，采用整体的、联系的、动态的和比较的方法。但是，条件很困难。四十年来，农村一次又一次激烈的斗争和变化，竟至于使农村里已经没有人知道本乡本土的历史，没有人知道传统的礼仪、习俗，连宗祠的作用和活动也不大说得清楚。我们也找不到真正懂得乡土建筑的老木匠。文字资料已经大多散失。幸存下来的宗谱残缺不全，而且本来编纂的水平就不高，体例不严谨，项目也不完备。绝大多数村落的规划年代和现存房屋的建造年代已无法考证。这种情况大大限制了我们的方法的适用性。对任何一个对象进行的任何一次研究不可能是完善的，总要留

岩头村民宅（李玉祥 摄）

下一些空白和遗憾。那么，请也允许我们留下空白和遗憾罢。

我们这次的楠溪江乡土建筑研究为时一年多，从1990年10月到1991年12月。楠溪江上游的村子比较贫穷，村落的发育程度低，建筑类型少，规划也不大严谨。下游的村子距温州太近，早就经过改造，失去了乡土特色。所以我们选择了楠溪江中游的村落作为研究对象。研究的重点是岩头、苍坡、芙蓉三个村子，其他还有黄南、岩坦、溪口、鹤湾、鹤阳、蓬溪、东皋、周宅、霞美、溪南、枫林、西岸、下园、上烘头、下烘头、岭下、坦下、渠口、塘湾、豫章、珠岸、桐州、埭头、水云、花坛、廊下、白岩、潘坑、佳溪、岩龙等，一共33座村子。一次研究33座村子，我们的工作面太大了一些，所以不够深入细致，而且生活圈的整体性研究削弱了许多。但是，形势逼人，要做的工作太多，而做工作的人太少，乡土建筑又在一天天地减少。我们不能精雕细琢，慢慢地干。所以，我们就这样冒失地干了。

苍坡村住宅

引子

苍坡村

楠溪江位于浙江省南部，蜿蜒于北雁荡山和括苍山间，于温州附近汇入瓯江。楠溪江中、上游33个经过调查的村落中，我们挑选了4个最具特色的村落——苍坡村、岩头村、芙蓉村和蓬溪村作图说的范例，借此，可以认识楠溪江古老村落的建筑和规划开敞的居住空间、以耕读为理想的文化特质。

苍坡村由李姓族人聚居，建村至今已有一千多年，是楠溪江最古老的村落之一。苍坡村的主要建设大都完成于南宋淳熙五年（1178），最难能可贵的是村落现状与文献记载仍然大体吻合，包括古寨门、街道与风水的配置、信仰中心与公共园林等。从今日的苍坡村，我们可以认识南宋以降村落规划的风格。

我们游览苍坡村将由村落东南角的溪门开始，也以东南角为观赏重点。你将看到典雅优美的溪门、为宏开文运配置的“文房四宝”景观、叙说兄弟情深的望兄亭与送弟阁、宛似公共园林的崇祀建筑仁济庙，我们还将到古老的明代古宅中，体会苍坡村民亲切随和的生活气息，最后则参观述说苍坡村历史的开基祖坟和古亭。

苍坡村溪门是座木造牌楼式建筑，构件粗壮的斗栱、直棂窗、木柱

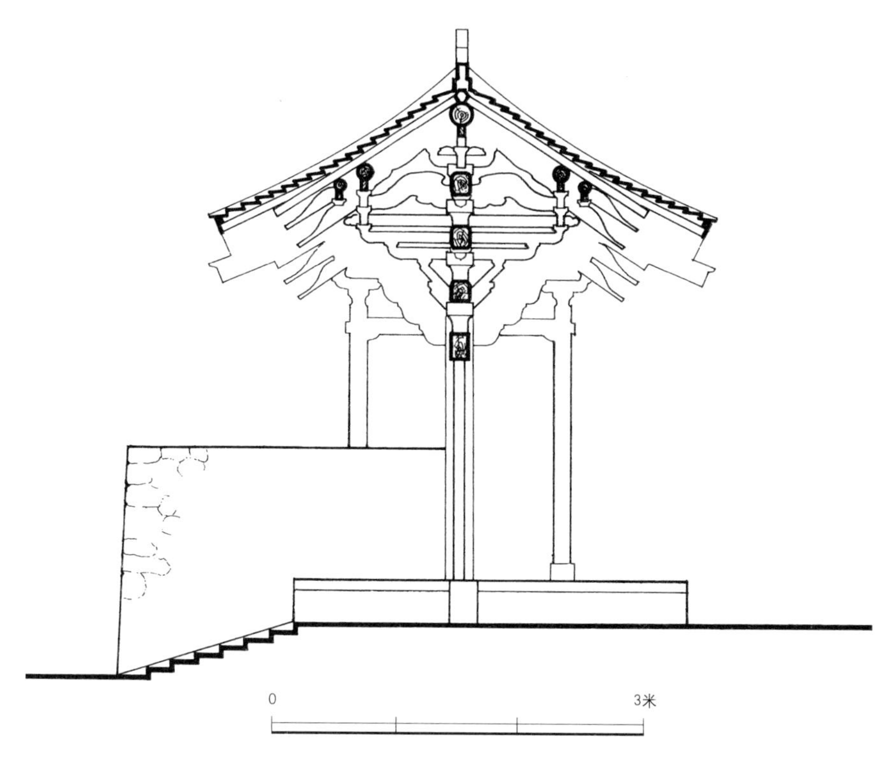

苍坡村正门*剖面

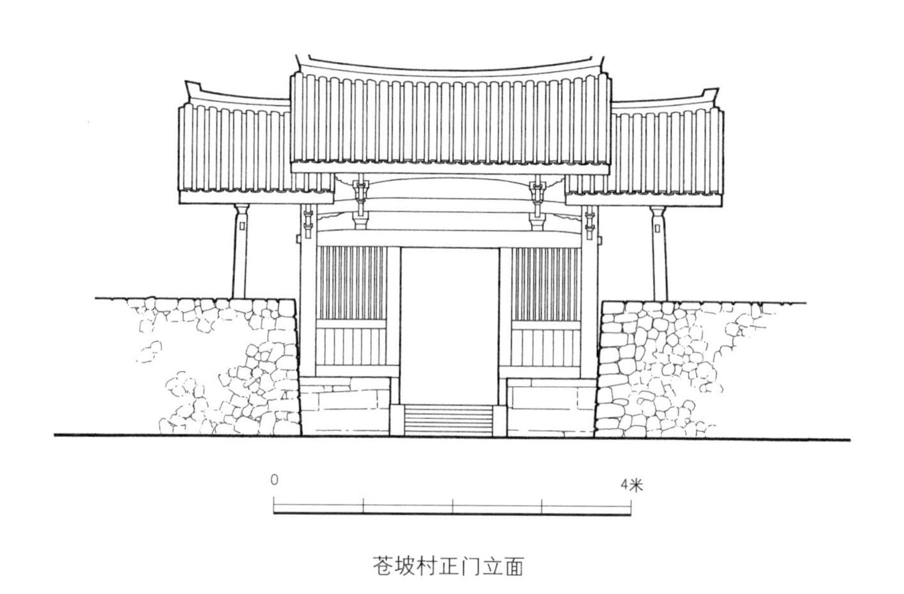

苍坡村正门立面

* 正门即南门，老百姓称为“溪门”。——编者注

由下往上向内微倾的“侧脚”做法，都是明清以前的古建筑技法，风格可远溯宋代。溪门的功能原在防御与出入，与原石砌筑的石寨墙构成苍坡村的第一道防线。

苍坡村溪门的双层下昂，前托挑檐檩，后压脊檩之下，是重要的木构件，具有杠杆式的承重作用，迥异于明清以来把昂变成装饰构件，使溪门古朴浑厚，风格直追宋元古代。

走进溪门，行过方形池向左转，苍坡村著名的“文房四宝”景观便出现了。如何能在村落规划中布置起纸、笔、墨、砚，把人文理想实现于地景中，就这一点而言，古人可说是最现代的“地景艺术家”了。

现在就让我们仔细端详一下吧。纸在哪里？整个村落，大体呈方正格局，便是一张纸。至于笔，眼前笔直、通向村落西端的街，便叫“笔街”，君不见，街尽头村外起伏端整的山，便是“笔架山”，笔，搁在笔架山前。那么，墨和砚呢？身边的方池代表大砚池，而池畔放置两块长条石块，就是墨锭了。这就是苍坡村脍炙人口的“文房四宝”。

自南宋时代进行村落规划以来，这纸笔墨砚的风景已存在九百年了，它一方面说明了风水问题对村落规划的重要性，一方面也充分见证了当地虽以务农为本，但也重视读书。有趣的是宗谱中皆鼓励子孙读书以明理，并不强调汲汲于科名考试的追求，这便是楠溪江流域居民“耕读传家”的文化特色了。

欣赏过“文房四宝”，让我们再循原路，由溪门前左拐，往望兄亭走去。望兄亭玲珑剔透，高立于东南寨墙之上，也是苍坡村南边连绵建筑风景线末端的一个句点。

望兄亭、送弟阁形制略同，都是边长五米的方亭子，亭子构件玲珑轻巧、比例和谐，亭柱做古老的“侧脚”做法，颇有宋代建筑的风味。来到望兄亭上，斜倚美人靠，眺望村外风景，真如同宋画一般。

公共性的亭子多，而亭子又具备供人舒畅歇息的“美人靠”座位。望兄亭和送弟阁因拥有一段人情故事，更显得特出而动人。

山水诗人谢灵运任永嘉太守后，因思念他弟弟写下了“池塘生春

苍坡村望兄亭

草，园柳变鸣禽”两句，后世便以池塘春草来形容兄弟思念之情，是楠溪江的另一段历史佳话。

登临望兄亭，可以眺望近二里外方巷村的送弟阁。望兄亭、送弟阁遥遥相对，其中蕴藏一段属于伦理亲情的佳话。南宋年间，苍坡村有李秋山、李嘉木兄弟，两人情感深厚，后来哥哥秋山迁居方巷村，可是兄弟俩仍不断来往相会，秋山于是盖送弟阁，以眺望弟弟归去，而嘉木也盖望兄亭，以慰思念之情……

由望兄亭再循原路往回走，便来到主祀平水圣王的仁济庙。楠溪江流域村落居民以农业为主，水利是农业第一要务，村落的水系往往主宰了全村的规划，而当地建筑又多为易引发火灾的木结构房屋，这就是人们崇拜平水圣王，处处设立水道、池塘的缘故了。仁济庙三面临水，门屋与正殿都是五开间。庙旁的水池是由寨墙阻水储成，有抗旱、防火等功能，而在风水上也配合了以水克火的说法。

站立庙前，第一个印象是屋脊的弧线特别优美。就像一根扁担，屋顶上缘起伏和缓，微微起翘；下缘弧度又略缓于上缘，而屋顶与屋身比例和谐，安排恰当，抵消了庙宇建筑常有的压迫感。

庙前有水池，人得要先走过池上石板才能进门。入门后，又见一方水池。绕池进入正殿前，左右侧面设计了可以向外瞭望的走廊和美人靠，而两边也都有水池。如此开放性的空间，有很强的园林建筑的味道，在庙宇建筑中是很罕见的，庙宇三面临水，中间天井又是水，这种特异的亲水性与主掌水利的平水圣王信仰极为相配。仁济庙屋脊弧线特别优美是因为屋顶，生起，幅度得当，使屋脊线条缓和却充满张力。生起是传统建筑中常见的技法，就是屋子的檩子从中央向两边逐渐抬高，抬高的幅度依房子的间数决定，开间数越多，屋顶生起高度越高。

庙旁的水池是由寨墙阻水储成，有抗旱、防火功能。当我们坐在面对望兄亭的美人靠上，但见波光粼粼、倒影如画，不禁想到：苍坡村居民敬水、拜平水圣王，而水也的确带给村民种种实利和生活情趣哩。

从侧面欣赏仁济庙建筑，由门厅、正厅到后面的太阴庙，三层次的高度变化，一层比一层升高，称为步步高，产生了优美的节奏变化感，是苍坡村建筑中的一件杰作。

经由精心规划，仁济庙突破了庙宇建筑的格局，并与溪门、李氏大宗、望兄亭及东、西池连成一气，成为苍坡村东南的公园区，提供村民绝佳的休闲、观景场所，重视公共空间，便也是楠溪江村落的一大特色。

游览过了苍坡村东南角，最后，让我们再一起欣赏当地典型的民宅。这幢民宅黑瓦、原色木构件、竹笆抹泥白墙、地面灰色石块，色彩朴素自然，全宅形式为冂形，内院向外开敞，用大门大窗，毫无封闭之感。原木的构架不加掩饰地露明在墙上，分割了墙面，墙面显得轻巧，且增加了雕塑感，在阳光的移转中，整面墙的光影极富变化。

明代古宅南面立面。楠溪江盛产木材，民宅多用木材兴建。居住建筑的基本形式以冂字形最多，中央为五开间的正屋，两侧厢房，正屋与厢房间为开阔外敞的庭院，许多家事即在此进行。

两层木楼，中间以腰檐分开，屋顶尺度亲人，楠溪江雨水多，屋子的出檐做得很大，保护了竹笆抹泥和木板壁的墙面，也增加了屋子整体的变化。

中国各地民居多呈现“对外封闭，对内开放”的密封式建筑风格，相形之下，楠溪江的开敞式民居显得更为亲切动人。

岩头村

探访古老村落的第二站，我们来到岩头村。

岩头村是楠溪江中游的最大村落，与苍坡、芙蓉等村相邻，占据了开阔又富庶的盆地。

村子始建约于五代末年，金姓族人为避战乱由福建迁此定居，并形成血缘村落。元代至明代，岩头村曾有数度大规模的修建，完成全村命脉所系的水渠系统和公共建设，规划齐整。一直到今天，水利依然为村民所用，而塔湖庙风景区也是楠溪江各村落中保存最好、最优美的公共园林。

这一回，我们将由村落北边的“仁道门”进入，首先探望雄伟的进士牌楼，然后沿大街南行，欣赏雕栏画栋的“苏式店面”。由此拐弯东行，至老人亭，沿村落东南边缘而下，一路上是长达三百米的商业街丽水街。最后的目的地则是全村最精彩的公共园林——塔湖庙风景区。

入村不久，便看见巍然耸立的进士牌楼，这是明代嘉靖年间御赐给乙丑进士金昭的，进士牌楼和苍坡村溪门属同一类结构，不过更显壮观，其结构复杂，透着大气，三间四柱式，可明白看出柱子向内倾斜的

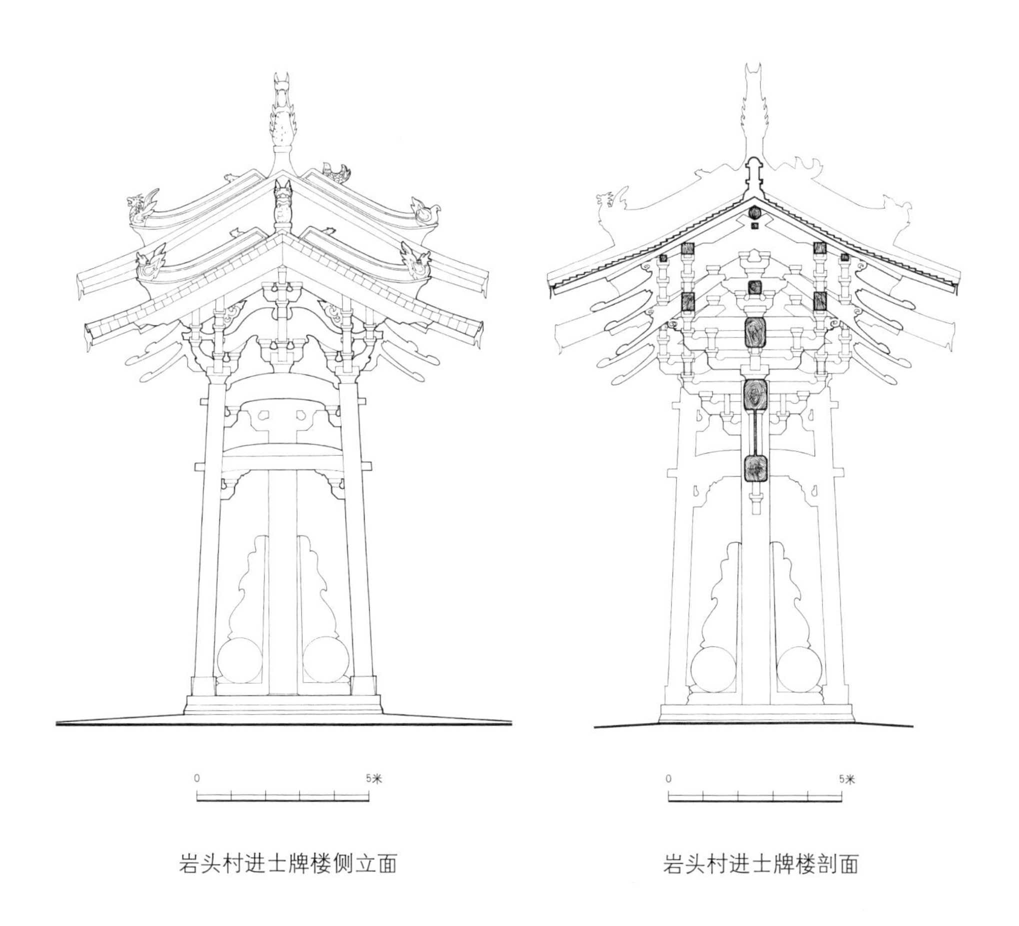

岩头村进士牌楼侧立面　　岩头村进士牌楼剖面

“倒脚”做法，柱上的月梁显得特别饱满、优雅，大构件层次多而分明，结构合理，比例恰当。牌楼名为进士，令人不禁想到，长久以来，科举取士制度对农村形成“耕读”风气的影响力。

沿宽阔的进士街南行，走到与横街相交的丁字路口，也即是村落的中央位置，便可看见三座风格华丽而罕见的苏式店面，两座占据转角，一座在横街南侧，我们分别称之为西北店、西南店和东北店。

就农村以耕读传家的悠久历史来看，地方宗族一向鄙视商业，甚至在宗谱中明令不准在大街上建商店，限制子孙从商，而苏式店面竟大咧咧地占据村落最重要的“主星”位置并与金氏大宗祠遥遥相抗，不能不算是异数。

明代以降，商品经济发展，促进地方贫富的分化，先是出现商业建

岩头村丽水湖与丽水街俯瞰

筑，然后在县级大路上形成商业街，如苏式店面的出现，充分说明商品经济冲击传统规范，并将突破、战胜宗法制度。

西北、西南和东北三家苏式店面皆为二层楼建筑，是整个楠溪江农村中最华丽的店铺。楼上槛墙外满满镶贴复杂精巧的木栏杆装饰，二楼略略向前挑出于下层一楼，槛墙下做垂莲柱，雕饰非常细致。

店铺风格是外来的，与楠溪江建筑的朴实并不协调，而风格的夸耀，以及对当地建筑统一性的破坏，也正是商业文化的特质，看店铺大门向进士街和横街双向敞开，仿佛在宣告商业时代的来临。

西南店二楼略略挑出于一楼，槛墙下做垂莲柱，柱上也雕刻着细致的纹饰。苏式店面的纹饰大都以传统福寿字样、龙凤、植物花卉等为主。华丽的装饰与楠溪江朴素的建筑不相协调，说明其风格来自外地。

循横街东行，我们来到岩头村东边的老人亭。此亭以南，便是长达三百米的商业街——丽水街。

整条丽水街建立在村落东缘的蓄水堤上，每间面阔约三米、进深十米，为二层楼建筑成列的商店前，空出了三米宽的道路，有屋檐披盖，以利行人遮阳避雨。

按楠溪江建筑的传统，街道外侧设了美人靠座位为争取街道宽度，廊柱立在向外悬空挑出的石头上，行人至此歇息，可以凭栏眺望堤外的丽水湖风光。

丽水湖蓄水堤建于明嘉靖年间，建成之初，地方宗族规定堤上只许莳花种树与建亭，不准筑屋经商。到了清代，商业大盛，贩盐的商人由沿海赴内地，岩头村的长堤成了必经之路。清末之际，长堤发展成今日的商店街模样。继苏式店面之后，丽水街的出现，又再次说明了近代商品经济对古老乡村的冲击。

沿丽水街南行，我们一路浏览栉比鳞次的古老商店，二层楼的店屋，上层很低矮，是储藏货物用的。至于楼下则分隔为前后二进，临街是店面，后进是住家。

在石铺街面，隔不多远就可以看到有台阶下通到水面，就像个小码头，便于居民日常汲水、洗涤。此外，也增添了水乡风光。再往下走，街尾微弯成弧形。柔和的变化，消除了长街的单调，并加强了它和湖水的亲切联系。

丽水街南端是寨墙的南门，门边高阶上有一座乘风亭。整条街起于老人亭，终于乘风亭，街头街尾皆有亭，也是岩头村建筑的一大特色。

由乘风亭走向一座建于明代的石梁桥——丽水桥。桥南，便是著名的塔湖庙风景区了。一弯绿水回绕着水中半岛——琴屿，它尽端矗立着塔湖庙和戏台，建筑轮廓参差多变，间杂浓荫蔽天的槠树、樟树和柏树，景色丰富动人。至此，我们能了解何以人说岩头村的水系设计好，而公共园林建筑设计更属一流。

村落东南是风水上筑堤蓄水的好位置。岩头村的水系由村北引来，以沟渠流贯全村，再汇流于村东南各湖。塔湖庙风景区便在村子东南，位居最重要的集水湖一带。如诗如画的风景，其中潜藏了先民经营水利的智慧，和生活中对审美的爱好与追求。

琴屿西端的塔湖庙，造于明代嘉靖年间。门面朝东北，三进两院，三开间大殿后的小院落是个水池，满植莲花。当我们走进如此安静的水院，简直不像置身庙宇，而是进入了园林建筑中。

塔湖庙二楼环水院透空，有供人歇息、赏景的美人靠。南侧全部敞开，设有栏杆椅。如此下临右军池，远眺芙蓉村，采取了园林建筑"借景"登高望远的手法。

庙里供奉了岩头村守护神卢氏尊神和袁氏娘娘等，为岩头村居民镇守东南方最重要的庙宇。而庙外的一座戏台，则是村民演戏酬神的所在。

游完了庙，我们来到门外看戏台。这栋小小的独立建筑，屋顶采取歇山式，翼角高挑。有后台，用悬山顶，显得玲珑活泼，很可爱。据说，以前在此演酬神戏时，只有男性观众才能在台前看戏，至于女性，则必须分立于水池外侧遥观。

游览岩头村的最后一站，是接官亭。老远，我们就能看到接官亭奇异的双层檐屋顶，不知出于何等工匠的手法。华丽的屋顶，加上亭柱间的美人靠设计，形成了这座亭子的特色。

接官亭，也叫花亭，据说过去这里是族中长老仲断村中纠纷的所在。亭号“接官”，带有向往科举功名意味，但不知曾接待几许官员。无论如何，也见证了这农村社会注重文风的传统。接官亭的宝顶很大，使亭子显得庄重，亭中对联写着“名师留奇迹，怪匠逗行人”，说明接官亭不凡的特色。

芙蓉村

我们这次将由村落东边的溪门（东门）进入，沿横越全村的如意街向西行，沿途可以欣赏全村最重要的礼制中心——陈氏大宗。芙蓉村传统文风盛，相传南宋曾出现十八位高阶京官，有“十八金带”的美誉，在陈氏大宗中，我们可以有所体验。

然后，我们来到村落中心，游赏公共园林——芙蓉池和芙蓉亭。离开中心，走至如意街底，转向北行，看一看村落西北角的民宅。最后，我们南行穿越全村，由南门走出芙蓉村。

芙蓉村在楠溪江流域最大的盆地中，与苍坡、岩头等村为邻，面积约14.3公顷。初建于宋代，陈氏族人为避战祸，由福建迁来此处形成血缘村落，因地近芙蓉峰而定名。全村在南宋末年因抗元兵，曾遭全面焚毁，直到元至正元年（1341）重建。今天，我们来到芙蓉村，仍能欣赏到与六百多年前大体相同的聚落规划面貌。

作为寨墙东边唯一的出入口，东门原应具备高度的防御功能。但随时代功能改换，闸门已失，形成今日开放的模样。

溪门为二层楼阁式建筑，三开间，上覆歇山顶，屋脊曲线非常柔和优美，再看它二楼所设的美人靠，真是“我看行人，行人看我，相看两不厌”的好所在。

入溪门，前行不远，便是全村的礼制中心——陈氏大宗了。陈氏大

芙蓉村芙蓉亭（李玉祥 摄）

宗的正厅正中，高悬十八位京官的画像，均为陈氏先祖。堂皇的画幅，代表了芙蓉村光荣的传统文风。

陈氏大宗祠是芙蓉村最重要的礼制中心，正厅中高挂许多功名牌匾，楠溪江的文风兴盛，据光绪《永嘉县志》记载："自宋以来，位宰

芙蓉村正门——东门（李玉祥 摄）

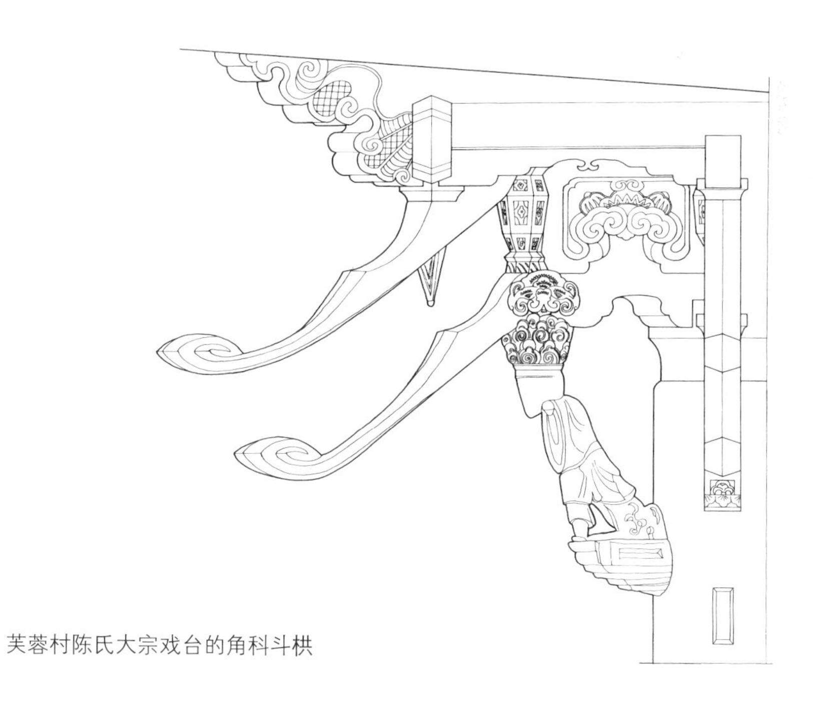

芙蓉村陈氏大宗戏台的角科斗栱

执者六人，侍从台谏五十余人，监司郡守百十余人，可谓盛矣。”

芙蓉村在楠溪江中又以文风鼎盛出名，村民将科甲盛名辈出的原因，归于村落的好风水，陈氏大宗的一副楹联写道：“地枕三崖，崖吐名花明昭万古；门临象水，水生秀气荣荫千秋。”说的就是风水与文风的关系。

人们传说芙蓉村的风水好——“前横腰带水，后枕沙帽岩，三龙捧珠，四水归心”。正因为如此风水，在南宋才一连出现了十八位大官，村民美称之为“十八金带”，格局庄重的陈氏大宗与溪门相近，是全村的礼仪中心，也是村中最主要街道——如意街的起点。陈氏大宗为两进建筑，大厅后壁前用石砌出神龛，龛上以木架构建出神案，是楠溪江流域宗祠中常见的手法。右侧还设置奏乐台，过去在举行庆典或重大仪式时，即请乐队在此演奏。宗祠前原有的水池、影壁和院落门已毁坏，今天已经看不到了。

与宗祠正厅相对，是一座精美的戏台，它向院内凸出，三面开敞临空，便于观众于三个方向看戏。据说，在过去演戏时，男子在正面观看，妇女则在两侧廊间看。

此时，虽然看不到演戏热闹盛况，却也便于我们流连欣赏这座建筑比例巧妙、极具典雅之美的戏台。戏台上覆歇山顶，檐口高，翼角飞扬，木结构上有雕成神仙人物的斜撑、精美的花篮柱、覆莲式的梢子，雕工非常精美。

站立戏台前，我们仰头欣赏屋顶和藻井，它装饰简洁适当，显得典雅又亲切。戏台藻井的斜撑上有木雕图案，其中动物造型简单而传神，是杰出、罕见的木雕精品。陈氏大宗戏台的柱头科斗栱。昂嘴细长卷曲，又称为象鼻昂，极富装饰性。戏台的角科斗栱也是双层下昂，斜撑上雕有神仙人物，姿态生动。戏台平身科斗栱中的双重下昂，卷曲优美，承托挑檐檩处雕刻有精美的梢子。藻井的角科斗栱后尾各出两翘，托出了一方朴素清洁的天花，用细木条拼组成规则的几何图案。

沿如意街往村落中心走去，不久，从街上便能望见清亮的水池和玲珑的亭子，在粉墙的衬托下，显得分外生动。芙蓉村把全村中心设计成有池、有亭的园林，是罕见的佳构。芙蓉池位于如意街南侧，位处村落中心，是芙蓉村最重要的水池，具有储水、防旱、防火、洗涤等功能。芙蓉池东西长43米，南北宽13米，池中央偏东位置是芙蓉亭。芙蓉亭是两层楼阁式歇山顶的方亭，设美人靠，有四棵金柱、十二棵檐柱。芙蓉池南北两端有石板桥通往池中的芙蓉亭。由于池子四周都有建筑环列，因而空间完整、安定，气氛宁静而具向心力，身处其中，能深深感受到一份亲和感。

离开芙蓉池，我们往村落西北探访，两座二层楼民宅，我们分称之为甲宅、乙宅。楠溪江建筑以民宅最为简朴动人，在全中国各地民居多呈现封闭格局，楠溪江民居四面朝外，显得特别爽朗、开放。一则可能是由于当地建筑承继了古老的风貌，此外，也应为血缘村落内亲切的人际关系所致。

我们再从北、南、东三个角度观赏乙宅的立面。两座民宅格局大同小异，像同一阙乐章的变奏，我们可以看清楚它们都是下以原石砌台基，上以黑瓦作顶——中间还有一重腰檐。出檐相当大，显得飘洒。古老的竹笆抹泥白粉墙间，木架构明显裸露，把墙面分割成有韵律的块面，也使整个民宅显得轻盈活泼。再欣赏一下两座民宅如农夫扁担的屋脊线，曲线消除了建筑的沉闷。

一座优美的民宅，其格局顺应生活实用需要发展，却处处流露出最朴素的审美需要。由乙宅南、北、东三个方向观赏它的立面结构，面面风貌不同，就像一件立体雕塑，越看越有味道……

离开甲、乙两幢民宅，我们来到另一幢大型民宅——“司马第”。司马第建于清朝康熙年间，是一家商人的住宅却冒了官号，三座四合院并肩组合成一所房屋，总面宽约达七十米左右，连正屋带厢房共四十个整间，规制庞大，气度恢宏，在楠溪江民宅中堪称仅见。

入宅的第一进为一层楼，黑色屋瓦，衬着原木板壁、直棂窗等，色

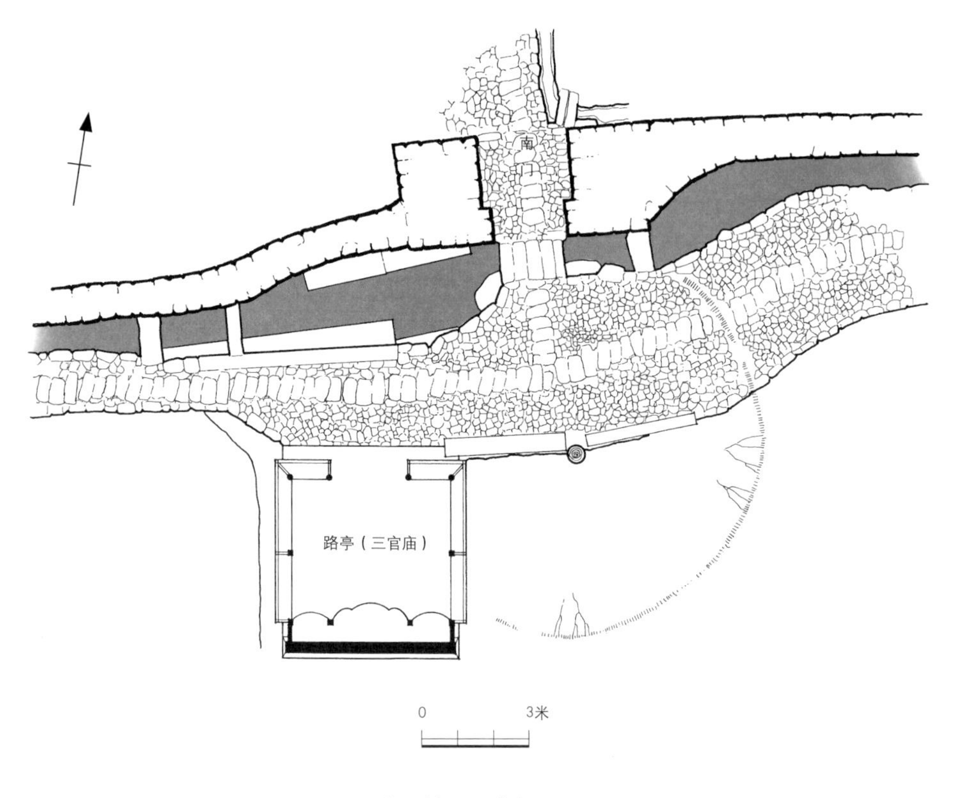

芙蓉村南门路亭平面

彩古朴自然；第二进为二层楼，楼间设腰檐，使屋顶尺度显得轻巧而不沉重。

司马第三座四合院各有自己的门，院子间有夹道连通，从正门到屋子阶前大约宽18米，划分为几个大院落，使整个住宅显得开敞、亲切。

我们一路往南行，来到芙蓉村南端的南门。南门形制为楠溪江常见的石券门，门边寨墙以原石砌筑，非常厚重。水由西方来，许多妇女来此洗衣、洗菜，一片热闹。南门的寨墙下有水渠通过，寨墙以石筑成，粗犷沉重。而谯亭以木架构筑，轻巧飘逸，两者对比强烈，画面动人。

南门外，建了玲珑精巧的谯亭，上设美人靠供行人休歇。妇女带孩子到此洗衣，若是遇到下雨，就可以躲进亭中避雨。轻盈而有人情味的亭子，与粗犷的寨墙、南门形成强烈对比，也充分流露出楠溪江建筑的特色。

蓬溪村

蓬溪村是谢灵运的后代的血缘村落，总面积7.8公顷。全村位于袋形盆地西侧，四周是姿态奇幻的峰峦，盆地东部正中一座孤立小山，称“凤凰屿”，一条小溪自南向北流，在凤凰屿南麓形成一个两千平方米的湖，然后在北端唯一关口注入鹤盛溪。

晋代山水诗人谢灵运，曾来任永嘉太守，他的后代子孙，一支在鹤盛溪畔，建立村落。这里有天险足以防御外患，对外交通唯有村北溪边悬崖上的栈道，谢家族人便在此耕读度日，一直到极晚近的1985年，才修筑公路，突破封闭的古村落状态。

蓬溪村位于盆地中，四周环山，只在北方有出口，可是出口恰好面对鹤盛溪“反弓水”的不利风水，为克服风水的不祥，村民便在出口处盖了座关帝庙。关帝是“伏魔大帝”，是“恩主公”，可以镇辟一切的灾祸与不祥，如此，蓬溪村风水与安全的考虑便得以兼顾了。

关帝庙位于一个小高地“霞港头”，坚硬高耸的石壁阻挡了鹤盛溪的冲刷，是它克服了反弓水的为患。

关帝庙内虽供奉关帝，陪祀的却还有孙悟空、济公等神话人物。诸位杂神聚祀于一堂，是楠溪江极常见的现象，因为楠溪江流域民间信仰不是宗教，没有专门的仪典、经籍和神职人员，更没有专门的建筑形制，因此蓬溪村关帝庙内供祀多位神祇，说明了村民在崇祀上的功利思想。

在蓬溪村中，我们先后探访了近云山舍、李时靖宅、明代水院和谢云汉宅。四幢民宅皆有各自的特色和美。而石墙、原木构件、木板壁、竹笆抹泥白灰墙等楠溪江民宅的特色，也一一映在这四幢民宅中。

近云山舍为清代的建筑，门匾“近云山舍”四字，相传为朱熹所题。近云山舍的院内有楠溪江民宅常见的雕砖花墙，非常精致，变化丰富，说明了楠溪江匠师在砖石作方面的高明技巧，是县级保护文物。

李时靖为南宁进士，他的宅第，由谢灵运后代购下。这座民宅古老而朴实，前面全是宽厚板壁，木柱、木础、直棂窗，屋脊线起伏特别平缓柔和，是一大特色。李时靖宅有正屋七间，总面阔27米，前主街状元街屋子四面全是板壁和木装修，风格古老、朴实，厚重得竟有些拙。

明代水院是楠溪江少有的大宅之一。三进两院，两院皆为水池。明代是楠溪江中游建设的高峰期，住宅的材质和施工都很精良。但拥有如此两个大水院的住宅还是很少见。

谢云汉宅是楠溪江的一种典型民宅，以石墙围成前后二院，平面呈工字形。整座屋宅显得开敞、大方。

康乐亭是族人纪念先祖——山水诗人谢灵运而盖的建筑。由于谢灵运袭封康乐公，故此亭称作康乐亭。亭子坐落于蓬溪村几条重要道路的交会点，形成全村的公共中心。族人都以自己先祖的诗名为荣，助成了当地“诗礼继世、耕读传家”的文风。康乐亭上覆歇山顶，旁置美人靠，方正的形式显得十分庄重。

为欢迎我们的来访，村中头首会集，点香烛祭祀后慎重地开箱取族谱。这些族谱能历经“文革”浩劫而犹得保存，显得无比珍贵。在泛黄的族谱纸页中，我们果然眼见了灵运公的姓名记载。如此，我们怀抱着浓厚的楠溪江山水人情，结束了古村落建筑之旅。

人文篇

地理环境与历史背景

楠溪江是瓯江下游北侧的最后一条支流。它的干流由北而南，曲曲折折流经145公里，在今温州市北岸注入瓯江。楠溪江东西两侧支流发达，干流和支流一起，像一棵平躺着的大树，[①]流域面积2472平方公里。[②]这是一个封闭流域，独立的经济区，范围大致就是现在整个的永嘉县。虽然县治屡经搬迁，辖境也多次调整，但楠溪江流域自唐一千多年以来始终是一个行政区，所以它又形成了一个文化区，一个方言区。永嘉县现在隶属温州市，县治上塘距浙江省会杭州市大约240公里。

楠溪江流域是火山岩丘陵区，上游山峰多700米以上；中游往下，山峰多不到500米；整个流域里，有1000米高峰8座。到了下游，两岸是大片平展的冲积平原；楠溪江汇入瓯江的地方海拔只有4米。

楠溪江的东面是雁荡山脉，西面是括苍山脉，两山风景绮丽如画。楠溪江流域也是山川灵秀，江水在上游奔腾跌扑，形成瀑布和急湍，把

① 称树枝状水系，主要支流大楠溪、小楠溪、鹤盛溪、孤山溪、珍溪、古庙溪、陡门溪、五鹓溪等。

② 楠溪江流域的三分之一，约625平方公里，1988年8月被国务院批准为“国家重点风景名胜区”。

芙蓉村南门外的三官庙（李玉祥 摄）

丘陵切割成深谷，雕刻出耸立的危峰险崖。到了中游，它任性地左右摆动，轻轻推开两岸的山峦，河谷宽阔了些，还串联着大大小小的盆地。沉积滩、牛轭湖、浪花闪耀的浅濑和浓绿透明的深潭，使河流变化出一幅又一幅的图画。峰峦嶂壁的奇险依然，层层叠叠，却谦逊地让澄澈的江水占尽风流，悄悄地侍立在两岸，只把黛色的影子投向水面。清初邑人陈遇春有《楠溪道中》诗："澄碧浓蓝夹路回，崎岖迢递入岩隈；人家隔树参差见，野径当山次第开。乱鸟林间饶舌过，好峰天外掉头来；莫嫌此地成萧瑟，一辆茅鞵去复回。"

楠溪江风景之美，古代就已闻名。东汉末年和三国时代，就有一些求仙问道的人来此隐居，其中有梅福。刘宋时期，它成了孕育中国第一代山水诗人谢灵运的摇篮之一。稍晚一点，萧梁时期的陶弘景，曾在楠溪江的大若岩等地修炼。他在《答谢中书书》里描写此地的风光："山川之美，古来共谈。高峰入云，清流见底，两岸石壁，五色交辉。青林翠竹，四时俱备。晓雾将歇，猿鸟乱鸣，夕日欲颓，沉鳞竞跃。实是欲界之仙都，自康乐以来未复有能与其奇者。”

楠溪江流域的地形呈袋状封闭，三面环山，只有南端向瓯江敞开一个口子，介于北纬28度至28.5度之间，北面有山脉挡住冬季的寒风，一月平均气温8.5摄氏度，极低零下4.2摄氏度，并不很冷。到了夏季海风循山谷北上，带来好雨，驱走炎热，七月平均气温29.1摄氏度，极高40.5摄氏度，也并不很热。年平均气温为18.2摄氏度。年平均降水量1698毫米，四季分布不均。夏秋之交台风频频袭来，豪雨如注，江水猛涨，决堤的江水和倾盆大雨常常吞没田畴庐舍，造成灾害。清初康熙年间，豫章村的外宅就被洪水冲走，片瓦不留。①但台风带来的暴雨正好能解除常有的伏旱。热季恰逢雨季，温暖加上湿润，使楠溪江流域宜于生长亚热带常绿阔叶林。由于地形复杂，土壤种类多，所以植被很有变化。除了原生林之外，山上和河滩上长满了人工培植的树木和竹子，郁郁勃勃，成为楠溪江特有的滩林景色。大小盆地四周的浅山坡上，油桐、油茶、杨梅、板栗、柑橘和柿子，年年结实累累。一到秋季，散落在田野间的乌桕和枫杨，鲜红如火。流域里无霜期长达283天，宜于农业。肥壮的稻麦从江边覆盖到山麓梯田，绿了又黄，黄了又绿，一年可三熟。《谷谱》说“温州稻岁两熟”，又引《吴都赋》所载“国税再熟之稻”，指称的就是温州所产。其他如玉米、甘蔗和薏米，也生长得很茂盛。

农业集中在河谷的平川上，那里灌溉便利，土壤肥沃，两侧浅山则宜于经济林木。楠溪江流域县际和乡间的道路多缘江而走，江上又有舟楫之利，因此，村落大多聚集在两岸的谷地里，尤其是在比较宽阔的盆地。楠溪江中游以岩头村为中心的盆地，是全流域最大且最富庶的盆地。这里人口稠密，村落星布，比较重要的有港头村、芙蓉村、苍坡村、枫林镇等。稍小一点的盆地里有溪口村（古名菰田村）、桐州村、

① 据楠溪江中游的石柱水文站测定，近年最大流量达到9430 m^3/s，枯水季节最小流量只有1.03 m^3/s，近乎断流。

五澍镇、碧莲镇、东皋村、花坦（花坛）村等。在大小楠溪江的交汇处，有豫章村、坦下（坛下）村、塘湾（棠湾、棠川）村、渠口（瞿口）村等。田头林梢时时见到炊烟袅袅，笼罩着参参差差鳞片似的屋顶。几百座散落在楠溪江两岸的村庄，大多是古老的血缘宗族聚落，杂姓的村子很少，倒往往是一姓数村，联宗合谱，奉祀共同的先祖。这些村子古貌苍颜，给楠溪江渲染出一层遗世而隐的色彩，正像"秦人旧舍"，仿佛可以"不知有汉，无论魏晋"。

这些宁静得近乎停滞的村落却洋溢着浓郁的人文气息。原来楠溪江的外侧是古城会稽、婺州和台州；东晋和南宋，中原衣冠两次南渡，文化中心都离楠溪江不远，所以此地文风鼎盛。王子猷雪夜访戴的剡溪、李清照轻舟填词的双溪，都只和楠溪江隔一道分水岭。李清照笔下那种载不动许多国恨家仇的舴艋舟，到现在还在楠溪江上张着白帆，来来往往。但在楠溪江，它们更载不动的，怕是两岸村落的文化史。

上古到六朝

楠溪江下游的文化史开始得很早，有几处新石器时代的文化遗址，但后来的发展很缓慢。《逸周书・五会解》："正东有沤深，越沤剪发文身。"（王应麟补注：沤深即瓯也，沤亦瓯也。）《史记・赵世家》记载："夫剪发文身，错臂左衽，欧（即瓯）越之民也。"可见直到春秋战国，在如今的温州、台州一带的"瓯越文化"还很原始，与中原文化不属于同一体系，而楠溪江下游的文化常时就是瓯越文化的一部分。西汉初年，东瓯国（公元前192至公元前138）在楠溪江口西侧建造了"东瓯王城"。后来西汉在东瓯王领地设回浦县，属会稽郡，一度又改为东瓯乡，隶属章安县。章安县县治远在现在的黄岩县章安乡，距离永嘉很远，当时人口之稀少可以想见。东汉永和三年（138）时在瓯江北岸建永宁县，仍属会稽郡，到了三国吴时改属临海郡。虽然传说西汉甘露年间的傅隐遥和三国时期王玄贞两位道士，曾经在小楠溪的大若岩修炼，以致道教传入楠溪江中、上游相当早（见乾隆《大若岩记》），但直到西

陈虞之塑像（李玉祥 摄）

晋末年，中、上游的人口大约仍旧很少。

西晋末年中原大乱，造成的迁徙却给东南沿海地区的发展带来了转机。南渡的中原士族，用先进的文化改造了瓯越文化，使它统一于中原的正统文化，由此楠溪江也开始了新的历史。

东晋明帝太宁元年（323）设立了永嘉郡，其辖地包括今日温州和丽水部分地区，从此楠溪江隶属于永嘉。同年，大学问家郭璞为郡城在瓯江南岸选定了地址，做规划并筑城（位置相当于今温州市鹿城区），显然那时候人口增加，经济有了长足的进步。中原衣冠渡江偏安后，一时人文荟萃江右。初建的永嘉郡，在六朝时竟得了中国文化史上几颗灿烂夺目的星辰来任郡守，先后有东晋大文学家、大书法家王羲之，注《三国志》的刘宋史学家裴松之，刘宋玄言诗人、赋家孙绰，诗人、骈文家、文论家颜延之，中国第一位山水诗人谢灵运，萧梁文学家、骈文高手丘迟。[1]这些当时中国文化的最高代表“助人伦，成教化”，对永嘉的历史发生了深远的影响。按照儒

① 正是这位丘迟，在《与陈伯之书》中写出了“暮春三月，江南草长，杂花生树，群莺乱飞”的千古丽句。

家理想："善政不如善教之得民也。善政，民畏之；善教，民爱之。善政，得民财；善教，得民心。"(《孟子·尽心上》)自从东汉以来，地方长官为师重于为吏，已经成为一个传统。几位先后出守永嘉郡的文人名士虽然未必服膺儒家，但不都能逸出这个传统。乾隆《永嘉县志》转引《旧志》说："晋立郡城，生齿日繁，王右军导之以文教，谢康乐继之，乃知向方。自是家务为学，至宋遂称小邹鲁。"又说："王羲之治尚慈惠，谢灵运招士讲学，由是人知向学，民风一变。"

楠溪江秀美的风景，也造就了中国文化史中关于山水的篇章。大诗人谢灵运在政教之余，徜徉流连于山水之间，写下了中国第一批真正的山水诗，其中至少有六首写的是楠溪江风景，而且多在中、上游。杜甫《送裴虬尉永嘉》中有句"隐吏逢梅福，看山忆谢公"，北宋林逋《送僧机素还东嘉》则说："康乐遗踪地，言归已有期。"永嘉可说是与谢康乐永远连在一起了。[①]

王谢风流，培养出楠溪江浓厚的人文气息。明末清初诗人梅调元有《王谢祠》诗："前守推王谢，荒祠倚郡城。千秋传墨妙，六代擅诗名。沼古鹅还浴，塘春草自生。风流今古事，俯仰一含情。"

丘迟《永嘉郡教》里形容永嘉"控山带海，利兼水陆，东南之沃壤，一都之巨会"，可见萧梁时永嘉已经比较繁荣。不过，楠溪江流域从东汉到六朝的古窑址仍然集中在下游，由此推断起来，中、上游在六朝时的开发程度大约还很低。

隋唐到宋

隋唐时期，人口继续向楠溪江中、上游推进，在这地区造了几座佛教寺院，如岩头村北五潮溪畔长蛇坑的普安寺，就是初建于唐玄宗先天元年（712）。隋文帝开皇九年（589）废永嘉郡，变更永宁县为永嘉县。隋炀帝大业元年（605）又恢复永嘉郡。以后几经变动，唐太宗

① 康乐后裔留居温州，北宋太平兴国年间，谢诜在楠溪江支流鹤盛溪旁建鹤阳村，康乐神主奉祀在此。

贞观元年（627）再建永嘉县；唐高宗上元元年（674）设温州，治永嘉。从此楠溪江流域经五代、宋、元、明至清一千多年没有大变动，直到如今。

向楠溪江中、上游开发的人大多来自外地，为了避世乱而寻到这片三面环山的桃源胜地。乾隆《永嘉县志·疆域》引旧《浙江通志》说："楠溪太平险要，扼绝江，绕郡城，东与海会，斗山错立，寇不能入。"环境比较安全，对外地人极有吸引力。例如中游芙蓉峰下的下园村，据《下园瞿氏宗谱》记载："晚唐时，黄巢乱，宁波刺史瞿靖媚避乱来此，鉴于天险奇峰，旷洞清幽，乃定居。"五代末季，各地战乱频繁，独有钱氏吴越境内比较安定。而在永嘉之南，相去不远的闽国，王延钧、王延政于933年、943年先后称帝，父子兄弟交相攻杀，使得大批闽人为避乱北迁至属于吴越的永嘉，在楠溪江中游建立了许多村落。如苍坡、芙蓉、溪口、枫林、花坛、廊下、岩头等中游最重要的几个村子就是闽人建立的，而且都来自长溪（即福宁州）。这些移民大多出自仕宦人家，有过功名，凭借他们的文化优势，后人都成了楠溪江的望族，因此楠溪江人文之盛主要以这几个村子为代表。

经过一千年的发展，到了北宋，温州的经济已经相当发达，当时的温州太守杨蟠[①]有诗咏温州："一片繁华海上头，从来唤作小杭州。"（见乾隆《永嘉县志·风俗》）而杭州这时早已是江南首要的繁华胜地。柳永在"望海潮"词中说："东南形胜，江吴都会，钱塘自古繁华。烟柳画桥，风屏翠幕，参差十万人家。"被称为小杭州的温州，当然也相当可观。到了南宋，温州的农业、手工业和商业飞快进步，且一度成为海上商港。

宋代是中国文化最辉煌的时期。造成这个文化高潮的原因大致包括：士族地主完全消失，庶族地主代之而兴，使科举取士的重要性大大

① 杨蟠，字公济，章安人，举进士，为密、和二州推官。欧阳修称其诗。苏轼知杭州，蟠通判州事，与轼唱酬，平生为诗数千篇。绍圣二年知温，在任二年，著有《后永嘉百咏》。

增加；文官需要量增加，科举取士的数量也大大增加。在这样的情况下改革了科举制度，基本杜绝了夤缘奔竞，使平民子弟中举的机会多了。同时，印刷术发展，书籍普及，也促进了普通人读书博取功名的可能性。因此，温饱的小康之家，大多走上了科举的道路，从而普遍提高整个社会的文化水平。宋朝政府并不采取文化专制政策，学术思想比较自由，学术风气也比较活泼，因而繁荣了上层的雅言文化，它的代表就是理学。

楠溪江最灿烂的文化高峰在南宋，由于宋室偏安江左，大规模的衣冠南渡，又一次把先进的中原文化带到东南沿海。像东晋一样，偏安之地人文荟萃，南宋时来守温州的，如张九成①、王十朋②、楼钥③和杨简④等人，都是一时的俊彦。他们以及北宋的温州郡守胡则⑤都很尊重永嘉的人文传统，张九成《咨目》里说："永嘉道德之乡，贤哲相踵，前辈虽往，风流犹存。"他们代表了儒家正统雅言文化，所以在任地方官吏的时候，也以礼乐教化为第一要务，这对于提高永嘉的文化水平，起了很大作用。

乾隆《永嘉县志·学校》说："永嘉于宋，名贤辈出，登洛闽之堂者，后先相望，郁郁彬彬，至称为小邹鲁，何其盛哉！"从唐至清，永嘉一共有过604位进士，宋代513位，而仅是南宋时就出了464位，其中可以确实考订为楠溪江人的，又至少有五十多位。最辉煌的是南宋咸淳元年乙丑榜进士中，永嘉籍的竟有36位之多，占全数的11.4%，其中至

① 张九成（1092至1159），钱塘人，绍兴进士，理学家杨时的弟子。历官著作郎、宗正少卿、权礼部侍郎。反和议，著作有《横浦集》。

② 王十朋（1112至1171），乐清人，绍兴二十七年进士第一名。力图恢复。官至龙图阁学士。著有《梅溪集》。

③ 楼钥（1137至1213），隆兴进士。官至参知政事。反对韩侂胄。推崇理学家朱熹。曾以随员身份使金，撰《北行日录》。能诗，有《玫瑰集》问世。

④ 杨简（1141至1225），慈溪人。理学家，陆九渊弟子，世称慈湖先生。官至宝谟阁学士。著作辑为《慈湖遗书》。

⑤ 胡则，字子正，婺州永康万岩人。宋太宗端拱二年进士。宋初名臣，历仕户、吏、礼、工、刑诸部，清正干练，以兵部侍郎致仕。与范仲淹善，有倡和。

少有芙蓉村的抗元英雄陈虞之和蓬溪村的李时靖是楠溪江人。溪口村戴氏、豫章村胡氏、塘湾村郑氏、花坛村朱氏、苍坡村李氏、芙蓉村陈氏都是“簪缨鹊起、甲第蝉联”的名门望族。苍山碧水之间，田父野叟引为乡土光荣的，是宋朝豫章村胡氏的一门三代五进士、溪口村戴氏的一门四代六进士、花坛村朱氏和塘湾村郑氏的兄弟进士。

科甲盛，当官的就多。据光绪《永嘉县志·人物》统计：“自宋以来，位宰执者六人，侍从台谏五十余人，监司郡守百十余人，可谓盛矣！”相传芙蓉村在南宋有过“十八金带”，所谓十八金带就是有18位高级京官。永嘉在北宋有程门弟子13人，在南宋有朱门弟子16人。最值得楠溪江人骄傲的是溪口村的戴述、戴蒙、戴溪、戴侗和塘湾村的郑伯熊、郑伯英、郑伯海，都是当时重要的理学家，著作宏富，史籍有传。

元、明、清三朝

楠溪江在南宋这种繁花如锦的盛况，经宋末元兵的大烧杀后不再出现。不过，如县志所说：“遗风余韵，元明间犹时有闻。”如豫章村胡氏、鹤阳村谢氏、岩头村金氏、花坛村朱氏、溪口村戴氏等，在明代还有一些科举功名的成就，出了中书舍人胡宗韫、锦衣卫指挥佥事谢廷循等比较重要的人物。溪口村戴氏大宗祠有一副楹联是：“宋室尚书第；明庭御史家。”花坛村朱氏大宗祠则有一副楹联：“宋室衣冠皂盖朱幡擢秀；明廷阀阅黄门乌府联芳。”

明代前半叶，温州曾有过两位很有影响力的郡守，一位是何文渊①，一位是文林②。两人都是有著作传世的文士，以“化民成俗”为己任。文林制定“族范”，在温属各县推广，力求强化封建伦理。

明朝嘉靖之后，倭寇侵扰，温州的经济文化大受打击。嘉靖《永嘉

① 何文渊，广昌人，永乐进士，正统间任刑部侍郎，屡因言获罪，宣德元年出守温州，政化大治，九年升刑部右侍郎。

② 文林，长洲人，成化进士，除永嘉知县，升南京太仆寺丞，又迁知温州府。精于堪舆、卜筮、易数。为文徵明之父。

县志·城池·都里》中说楠溪江“宋时人物颇盛，今故家遗族，间有存者，视往昔殊矣”，甚至说小楠溪流域“地旷民贫”，为逋逃之薮。

明清易代之际，楠溪江又一次遭到严重破坏。《茗川胡氏大宗谱》中写于康熙二年的《重建致爱堂记》说，清代初年，由于官兵剿乱，“室庐资产，烧荡一空，而祠宇株连，闾闬萧条……垂二十年，鸿雁犹悲鸣于旷野”，《豫章胡氏宗谱》康熙三十四年的《旧序》说：“至清鼎革，变起沧桑，兵燹之余，世家右族不无徙迁，集泽哀鸣，未能常聚。”[①]民力凋惫，赋役不供，文化也就衰败了。南宋时期，一榜进士中不下数十人的永嘉，在整个清代将近三百年间只有11名进士，其中还有一名是恩榜。好在康乐公的后裔鹤阳村谢氏，出了两名进士，道光三十年的《重修鹤阳谢氏宗谱序》夸耀这件事说：“至今犹想见谢家之门第，即为溪山之生色者，历久弗衰矣！”

楠溪江的历史尽管有荣衰兴替，但唐宋以还，村落里的生活毕竟是稳定的日子居多。[②]乡民们在传统宗法制度之下，有耕有读，几百年间恒常不变。这种社会生活和它所伴生的生活态度，在康熙年间的《岩头金氏宗谱·重修族谱叙》里描绘得很清楚：“安福公慕三岩[③]之胜，家于岩头。贤哲代生，规模宏远。如英六、升四四诸公，开渠筑堤，以备旱潦；创谱牒，建宗祠。置祀田以资盥荐，置义田以裕读书。嗣是人文丕振，簪缨继起……彼汉武玉堂非不贵也；石崇金谷非不富也；吴宫花草、晋代衣冠，非不芬芳而赫奕也，然人往风微，徒深感悼，孰若兹之聚族而居，宅尔宅，田尔田，涧溪如故，塘堑依然，庙社常新，松楸无恙，士习民风，数百载如一日也乎。”

楠溪江的乡土建筑，就是这种恬淡安然、耕读传家的社会生活舞台。村落和房舍充分显现出宗族关系的强固，生产劳动的艰辛，耕读生

① 康熙十三年至十五年，耿精忠之乱，楠溪江曾为战场。

② 人口“椒衍瓜绵”，增加很快。据光绪《永嘉县志》，永嘉全县在康熙元年，存53772户，村庄240；到光绪五年，增加到158791户，村庄约1550。

③ 三岩指芙蓉岩。

活的宁静，以及由此而生自满自足的保守心态。

关于楠溪江的经济史几乎没有资料，从仅有的零星资料可见，楠溪江居民长期以来都以自给自足的农业经济为主，工商业受到轻视。《蓬溪谢氏宗谱·赠耕隐公序》里说正德年间的谢朗："读书尚义士也，怀经济策，寓意于农，遂以耕隐自号……古之贤士，多出为农，以其业安畎亩，恬静朴茂，非若工与商贾，突骛喧嚣，俯仰尘市，逐十一、较锱铢而不得以宁居也……故勋业弗成，不如归耕。"这位耕隐公其实是"筑室创业，富望一乡"的人，而序里写的却是一种保守传统的重农轻商的价值观。

农作物最重要的是稻米、玉米、甘薯、芋艿，然后是络麻、蚕桑。茶叶和柑橘早在唐代就是贡品，柑橘尤为闻名。经济作物有甘蔗、薏米、花生等。商品中的一大宗是山货，主要的有木材、竹、桐油、笋和板栗等等，还有一些果品和木炭。这些山货大多运销温州，这时永嘉县治就在郡城。

大约到了清代中叶，商品经济有了相当规模，楠溪江的风貌也大为改变。光绪《永嘉县志·建置》说楠溪江"售用茅竹编筏以通往来，同治三年，陈令宝善，准民改用梭船，至今称便"，这显然是因为货运量增大的关系。不过，宋人潘希白《入楠溪》诗里已经写到篷舟，可能同治三年前后的变化在于数量的增加。自此航运日益发达，"船过瓯江楠溪开，江上千帆相牵连"，这是《楠溪船歌》里唱的话。运输繁忙，产生了专业的船老大。《楠溪地名谣》里提到古庙口村和下岸村是船户村，"一篙一桨拼老命，一年到头不停休"。当时也有了造船专业村渔口村。

初级的商品经济刺激楠溪江沿岸发展了手工业，而且也产生了相应的专业村，例如西岸村出粉干、黄岗村出缸钵等，与建筑有关的工匠也有了专业村。商品经济的发展也促进了贫富的分化。明代晚期，高利贷已在楠溪江的村落里出现。《棠川郑氏宗谱》载塘湾村郑世益："精于理财，祖、父无多遗业，翁乃勤俭自持，权其子母，量出入，铢积寸累，握算持筹，不数年而粟陈贯朽，富甲一邑。”随着商品经济的发展，村落的面貌也改变了。在岩头、鹤盛、枫林、东皋、廊下等村落，先是出现了商业建筑；然后在县际大路经过的地方逐渐形成了初具规模的商业街；最后终于产生了枫林镇和岩头镇比较繁荣、店铺连户的商业街，并且产生了茶馆和酒楼。

商品经济的发展也引起生活全面变化。道光、咸丰间永嘉县令汤成烈编纂《县志》稿，极生动地描述了这个变化：“永嘉在宋有邹鲁之风，维时士大夫先达者多从二程、朱子游，居乡恒以讲学为业，故能诱掖后进，式化乡闾，薰为善良，浸成风俗。户有弦诵，邑无巫觋，人怀忠信，女行贞洁。冠昏丧祭，厚薄适中，奢俭当礼。疾病不祷祈，婚配不听星命。岁时娱乐，弛张合宜，其于养生送死之制，盖秩如也。自元而明，去古渐远，风尚亦漓。轨物废而邪说行，儒术衰而异端起，奁资盛而女溺，宴食腆而讼繁；疾疠薄骨肉之亲，报赛侈鬼神之会。昏丧之仪，非复曩制。至于上元灯火，端午竞渡，争奇炫新，靡财奢费，略不顾惜。士女游观，靓妆华服，阗城溢郭，有司莫之能禁。”（光绪《永嘉县志·风土》转引《汤志》）

永嘉县在明代发生的重大历史性变化，对楠溪江的村落和房屋的影响十分显著。由于宗族力量减弱，明代晚期以后，村落的大型整体规划没有了，原有的规划格局逐渐被破坏；大家族日益减少，住宅的规模缩小了，兵燹中遭到损害的大宅第不再恢复，残存的也大多被肢解。然而在另一方面的发展则包括：建筑的装饰有所增加，出现了相当华丽的砖墙门；商业建筑萌芽并在个别交通线旁发展起来；庙宇、宗祠普遍设戏台等。

山水诗人谢灵运

谢灵运是中国第一位山水诗人，由于袭封康乐公，后世又称他为谢康乐，谢灵运的山水诗对南北朝及唐代诗歌影响很深，李白、杜甫的记游作品也都受其启发。

西晋末年，中原大乱，衣冠南渡，一时间人文荟萃江南。楠溪江也在东晋设置永嘉郡，并先后有当时重要的学者文人出任地方长官，谢灵运即于南朝刘宋少帝景平元年（423）出守永嘉，在他前后有王羲之、裴松之、孙绰、颜延之、丘迟等人，这些当时中国最高文化水平的代表，秉持传统，于政务之外，推动文教不遗余力，使楠溪江文风大盛。乾隆《永嘉县志》载："王羲之治尚慈惠，谢灵运招士讲学，由是人知向学，民风一变。"说的即是楠溪江文风深厚的渊源。

谢灵运以楠溪江秀丽奇绝的山水为背景写了许多诗，"乱流趋正绝，孤屿媚中川。云日相辉映，空水共澄鲜"即是其中佳句。而这些也是中国文学史中，最早的一批山水诗。

谢灵运后代很多，至今聚居于楠溪江的谢姓村落，包括鹤阳、蓬溪等村，已近二十座。这些村民建宗祠奉谢灵运为始祖，祭祀不绝并且建有亭台等建筑纪念这位山水诗人。蓬溪村是谢姓聚居的大村落。村中谢氏宗谱由头首保管，每年取谱晾晒时，要各房头首齐聚才能开箱，谨慎的态度，说明对祖先的尊仰与追怀。

耕读生活与山水情怀

一般说来,地理环境和人文背景孕育了一地乡土建筑的特色。但是,在地理、人文与建筑之间还有一层中介,就是居民的文化素质和生活方式。影响楠溪江乡土建筑风格很深的,是乡民的耕读生活和山水情怀。

楠溪江的村落和房舍都非常简朴天然,无非是素木蛮石、粉壁青瓦而已。但它们自有动人的魅力。这魅力来自它们所反映的当地乡民高度的文化追求和对自然的热爱。耕读生活和山水情怀在中国传统文化中有很高的道德价值,意味着高尚、超脱,是士这个知识阶层陶情冶性的寄托。在楠溪江,历代都有一些代表当时最高文化水平的士大夫来播下礼乐教化的种子,并加以培育;同时,又有许多文化水平相当高的仕宦之家迁到这里建立了村子,期望子孙们继续走他们读书进仕的道路,把这当作宗族的传统。因此,在楠溪江,耕读生活和山水情怀就贴近了普通农民的生活和心理,在一定程度上成了他们的希望和追求。所以,这里更有健康和明朗的气息。楠溪江的乡土建筑在这样的文化氛围和价值取向下,达到了“清水出芙蓉,天然去雕饰”的审美境界。

耕读生活早期作为士的一种理想,起源于隐逸,是儒家“穷则独善其身”和道家返回自然相结合的人格结构。但到了宋朝,它被科举制度改造并且大大加强了。科举制度本为遴选官吏而设,但它的推行提高了普遍的文化水平。宋代扩大了科举录取名额,改善了考试方法,再加上雕版印刷盛行,从而激发了普通人家对科举的兴趣,造成了文化进一步的普及。连农家子弟也看到了眼前可能的机会,于是牛角挂书,一同加入举业的竞逐中,形成了农村中新的耕读生活。

宋仁宗有几条政策有力地促进了耕读生活的理想。一是在规定士子必须在本乡读书应试,因而地方普设各级学校。一是在各科进士榜名的人数,给南方诸省规定了优惠的最低配额。更重要的是,规定工商业者和他们的子弟都不得参与科举考试,只准许士、农参加。于是农家子弟

岩头村丽水街（李玉祥 摄）

科名机会大大增加，“朝为田舍郎，暮登天子堂”，科举进仕之路由春梦转变成了希望。

楠溪江流域有王羲之、谢灵运等六朝高士启蒙于前，有张九成、王十朋等历代文人化成于后，两种耕读理想都深入到山陬水涯的每个楠溪江村落。各个宗族也在《家训》《族规》里明文规定，子弟务必要读书，如《鹤阳谢氏家谱·家训》里说，子孙们应“以耕读为业”；《坦下陈氏宗谱·家训》（康熙本）教导：“耕以务本，读以明教。”《云岭潘氏宗谱·家训》说得更周全明白：“祖宗家法，以忠孝节义为纪纲，以耕读勤俭为本务。”

为了让子弟读书，各村纷纷兴学，一方面请老师主持义学或义塾，一方面资助贫寒人家子弟入学。如《岩头金氏宗谱·家规》写道：“每岁延敦厚博学之士以教子弟，须重以学俸，隆以礼文，无失故家轨度。子弟有质士堪上进而无力从学者，众当资以祠租曲成之。”各族祠下大多规定，凡进县、府学读书和赴府、省应试，费用由祠下公出。中试以后，祭祖和各方打点等开销也由宗祠支付，族中公有学田收入全用来兴学。

子弟取得科举功名是整个宗族的光荣，一律载入宗谱，在家族的各种仪典里也可享受特殊的光荣。祠堂里的匾额和楹联，除了颂扬先人辉煌的功业之外，就是炫耀族人的举业和仕途。豫章村胡氏大宗祠有一副楹联写的是：“翰墨流芳百世衣冠开砚沼；诗书继美千秋礼禩焕文章。”

《珍川朱氏合族副谱》里有一篇《如在堂记》，把对子弟科名的期望写得很殷切：“使我拥书万卷，何减积粟千钟，然则后之子若孙，苟不忘此意，必将奋志诗书，骧首云逵，上以绳其祖武，下以贻厥孙谋，无忝先世科甲之荣，丕振前朝理学之绪，则不惟有光于近祖，亦且善述乎大宗矣！”这种耕读理想成了楠溪江人的传统，偏僻闭塞的村落里，文风之盛，科甲成就之辉煌，在全国的乡村极为少见。道光三十年《重修鹤阳谢氏宗谱序》里说：“诗书继美，比户可封；游庠之士，指不胜屈。”并不是浮夸虚言。

文风之兴是由于科举，但文风兴起之后，必定超越科举。《珍川朱氏宗谱·族范盟辞》里说得很明白：“不学则夷乎物，学则可以立，故学不亦大乎。学者尽人事所以助乎天也。天设其伦，非学莫能敦。人有恒纪，非学莫能叙。贤者由学以明，不贤者废学以昏。大匠成室，材木盈前，程度去取而不乱者，由绳墨之素定。君子临事而不骇，制度而不扰者，非学安能定其心哉。是故学者君子之绳墨也。”[①]对文化的这种深刻理解和热烈追求，给楠溪江深山幽谷里的村庄笼罩上一层浓浓的书卷气。

文化水平的普遍提高，扩大了知识分子阶层，也就扩大了宋、明以还理学的社会基础，并增强了它的影响力。

王十朋《送叶秀才序》里说永嘉“谊礼之学甲于东南，笔横渠、口伊洛者纷如也。取科第、登仕籍，多自此途出”。永嘉人直接求学于程、朱门下的也不少。在国学里，先后有永嘉籍的元丰九先生和淳熙六君子，“俱以道德性命传程朱之学”（乾隆《永嘉县志·风俗》）。在南宋还形成了理学中的“永嘉学派”，以薛季宣、郑伯熊、陈传良和叶适属代表。郑伯熊是楠溪江中游塘湾村人。据《岩头金氏宗谱》记

① “族范”初由明代郡守文林所颁行。

载，叶适童年由岩头村金姓抚养，在岩头村读书，因此他和楠溪江也有亲切的关系。

除叶适外，楠溪江文士中还有不少理学名家。溪口村戴氏家族，北宋时有戴述（元符三年进士）、戴迅两兄弟从二程学，世称二戴。到南宋，有戴述子戴栩（嘉定进士），是叶适的学生，著作《五经说》《诸子辩论》《东都要略》等；戴迅子戴溪（淳熙五年进士）"由礼部郎中凡六转为太子詹事，兼秘书监。景献太子命类《易》《诗》《书》《春秋》《语》《孟》《资治通鉴》各为说以进。权工部尚书，除文华阁学士，卒赠端明殿学士，谥文端。太子亲书《明经》匾其堂，有《岷隐集》"（嘉靖《温州府志・人物》）；戴溪弟戴龟年之子戴蒙（绍熙庚戌进士），曾从朱熹于武夷，著作有《易、书、四书家说》《六书故》等；戴蒙长子戴仔，不乐仕进，著有《诸经补义》《通鉴外纪》《说林文集》等；戴蒙之次子戴侗（淳祐辛丑进士），著有《六书设》及其他杂著文集。戴氏大宗祠里有一副楹联写道："入程朱门迭奏埙篪理学渊源双接绪；历南北宋并称邹鲁春宫第甲六登墀。"夸耀的就是戴家的这份荣誉。

塘湾村有郑伯熊三兄弟都是南宋进士。郑伯熊"德行夙成，尤邃经学。登绍兴第，历官国子司业，宗正少卿。乞外，以龙图阁知宁国府，卒谥文肃。绍兴末，伊洛之学稍息，复于伯熊得之。弟伯英、伯海皆知名，由是永嘉之学宗郑氏。有《郑景望集》"（嘉靖《温州府志・人物》）。伯英是隆兴癸未进士，著有《归愚集》。郑伯海是绍兴辛未年进士，设帐授徒，生徒常达五百人。

此外，岙底上湾村有陈揆，绍兴癸丑与陈亮同榜登进士，与叶适相善，有诗集二十余卷、文集五卷问世。芙蓉村陈宝之，绍兴进士，从吕祖谦学，与陈亮为诗友。宗谱有《送陈同父》和《挽吕东莱》诗各一首。

乾隆《永嘉县志》记载，朱熹在任两浙东路常平盐茶公事的时候，曾经到楠溪江来访问当地的理学家。先到岩头村访门人"以理学鸣于世”的刘愈，说：“过楠溪不识刘进之，如过洞庭不识橘。”但不巧没有见到。又到谢岙访门人谢复经，再访戴蒙、戴侗及蓬溪村李时靖。楠溪江地处荒僻，却与当时的主流文化保持着这样密切的关系，达到这样高的水平，这在全国乡村中是少见的。

虽说宋亡之后楠溪江文运大衰，但元明之间鹤阳村还出了个谢德瑀，他“博通经史，为时名儒”，著有《狂斐集》《家礼会通》等。又如同时期花坛村朱谧，著有《四书述义》《四书辅注》《太极图说》《西铭集》等，从祀郡庠。

理学盛行加强了楠溪江的宗族制度和伦理道德观念，也提高了乡人的素质。

耕读生活培养出来的乡村知识分子，科场得意的是少数，成为理学家的更是寥寥。他们大多数留在村子里作为上层雅言文化的代表，与郡县官吏一起在乡村推行封建的教化。这些人里有的则隐居读书，过着比较高的精神文化生活，甚至富有著作；有的掌握宗族大权。在楠溪江，这些人为数不少，对涵养楠溪江村落的文化气息作用很大。

《鹤阳谢氏宗谱·义学条规》说：“义学之设，原为国家树人之计，非以为后生习浮艳，取青紫已也。凡系生徒，务须以白鹿洞规[①]身体力行……凡肄业弟子，必须一举足疾徐，一语言进止，事事雍容审详，安雅冲和。”学校对子弟的操守品行提出很严格的要求，读书人成了农村敦品励行的榜样。他们的文化生活和精神追求，往往被理想化而记载在宗谱里，世代传诵。例如《棠川郑氏宗谱》记载乡绅郑公谔“旷达多才，好稽古，善词赋。筑美室，置图书，列古画玩物以供清赏。读诵之暇，惟以弹琴栽花为乐。遇风日晴和，则汲泉煮茗，拂席开樽，与二三知己，啸傲于烟霞泉石间，不复知有人世荣辱事。且课子有程，义方之外，更以诗书陶镕其气质”。又如花坛村朱谧“读书好古，淳朴自持，利欲不能移其心，荣禄不足夺其志。孝以事亲，友以处弟”（《明义堂处

---

① 白鹿洞规系朱熹在白鹿洞书院讲学时，为学子制定的思想行为规范，为全国书院广泛采用。

士墓志铭》)。

有些乡绅直接担任教育工作。宋末元初鹤阳村的谢梦符“博学经史，推重当时，宋咸淳中为郡庠学宾，继升经谕。丰仪整肃，衣冠严雅，为缙绅表率。时称为宿儒长者。有《问樵》等集行世”(《鹤阳谢氏宗谱》)。明代嘉靖时岩头村的金九峰“性闲静，每日闲坐一室，凡经史以及诸子百家书无不娴，而且究心于星学，陶情音律。至于制艺歌词，皆其余事耳……设绛帐以诲生徒，春风四座，化雨一庭，洵是师儒领袖”(《九峰先生五旬寿序》)。这些人对传布儒家伦理、维系封建秩序是很自觉的，因此，对乡村事务有很实际的影响。

不过，乡村知识分子的人格结构是双重的。按照儒家的理想，他们进则廊庙，退则山林，当他们处于山林之间的时候，淡泊恬适，精神间却饱含着道家返回自然的思想。《珍川朱氏宗谱》有一篇《廊下即景诗序》说道，是乡“秀士成群，多含英咀华之彦，古怀如晤，有庄襟老带之风，可谓文质彬彬，野处多秀者已”。正是正统的儒学和庄襟老带之风的结合，造就了楠溪江人文的特色和双重性格。折射到建筑上，也同样表现出上层文化和民俗文化的矛盾共存；而返回自然和恬淡冲和，则涵养得楠溪江建筑特别地亲切且有人情味。

楠溪江风光秀丽，又是小邹鲁。秀丽的风光与文化中热爱自然之美的传统，一起哺育了楠溪江人的山水情怀。每当丝雨迷蒙、烟云舒卷的春季，遍青山开满了杜鹃。山红初谢，又是洁白的桐花烂漫。到了秋深，乌桕树浓艳如血。澄澈的江水，随着时序，映照各种鲜明的颜色。深深受到传统文化熏染的楠溪江文士们对自然之美很敏感，一种清醒的环境审美意识，在楠溪江人的心中氤氲并且转化为村落的魅力，它们与自然之美融为一体，还引用自然来装饰点缀，房舍的风格又最朴实自然，自然是楠溪江乡土建筑的魅力所在。

江山多娇，江山也有幸。刘宋永初三年(422)，谢灵运来到永嘉郡任太守。他陶醉于永嘉的山水，在“肆意游遨”之际写出了中国第一批山水诗。谢灵运守永嘉不到一年，却在楠溪江留下了许多足迹，如斤竹涧、白岸、石室洞、绿嶂山，他都题过诗。[①]

乾隆《永嘉县志·舆地》说：“往者谢康乐为郡，好游名山，由是此郡山水闻于天下。天下之士行过是邦者亦莫不俯仰流连，吟咏不辍，以诧其胜。”在这些俯仰流连的人里，据乾隆《永嘉县志·名胜志》载，有萧梁的陶弘景，他的名诗《答齐高帝诏》就写于青嶂山。诗道：“山中何所有？岭上多白云；只可自怡悦，不堪持寄君。”所以便有地名叫白云岭。乾隆《大若岩记》又说陶弘景在小楠溪的大若岩修炼时，写了重要的道教典籍《真诰》和《本草集注》《补阙肘后百一方》两部医书。他修炼的地方叫陶公洞，附近也有一座白云岭，不远的水云村里还造了一座白云亭。他在千古名篇《答谢中书书》里描写的据说就是楠溪江风光。

唐代诗人孟浩然、罗隐和崔道融到过永嘉。白居易到过楠溪江，在大若岩捐钱开水道，筑了两处堤防（《大若岩记》）。宋代到过永嘉的有陆游，明代则有李东阳。清初学者朱彝尊抗清失败后来到楠溪江，在他的著作《曝书亭集》里的《永嘉杂咏》，其中有几首是在廊下村写的。如《华坛望雁荡山歌赠方十三朱生、朱十八振嘉》：“登华坛之绝顶，眺雁岩之回峦。云容容兮欲雨，水嘈嘈兮下山。遥岭出没不可胜数，但见哀禽离兽日暝而俱还。”自康乐公启端，历代诗人们对楠溪江山水“吟咏不辍”。苏轼又钦佩又自信地写诗道：“自言长官如灵运，能使江山似永嘉。”永嘉的江山真是幸运。

生活在锦绣河山之中，心田里受着千余年文化的滋润，使楠溪江的乡村文人们对山川草木的美非常敏感，也非常热爱。以耕读自娱的读书人，“寄志林泉”，“或临流而歌啸，或倚石而垂钓”，以他们的整个生活和诗文表现对大自然的感情。花坛村的朱伯清，明代人，“丰神秀逸，嗜学有文，不乐仕进，志存林壑……家事付之诸子，惟以文墨自娱。凡

① 斤竹涧在流域的北端，主流大楠溪的最上游，绿嶂山在下游。石室洞在小楠溪上游。白岸即白沙，“在楠溪西南，去州八十七里”（光绪《永嘉县志》）。

石、树、虫、鱼、水泉、花药之会心寓目者，咸属吟咏其间。遇风和日暖，角巾鹿裘，从以弟子，徘徊乎水光山色。拂云坐石，手挥丝桐，目送飞鸿，逍遥自乐”（《珍川朱氏宗谱·伯清公珍川十咏序》）。所以乾隆《永嘉县志》说，楠溪江“山峰挺秀，洞水呈奇，人生其地者，皆慧中而秀外，温文而尔雅”。奇秀的山水涵养出楠溪江文人独有的气质和人文的特色。

这种气质也显现在楠溪江建筑的风格上。他们的村落、房舍和园林都朴实无华，然而都舒展开朗。他们善于利用天然材料的本形、本性、本色，使建筑与天地和谐。家家使用不加錾凿的蛮石墙，弧形放足，粗犷有力，矗立在大块卵石铺就的地面上，整个村落仿佛从荒古时代就与山岩同时生成。他们也爱用素面原木，随弯就曲，巧妙地把它们安装在恰当的位置上，好像就应该有那样的弯曲。带着生命原有的形状，它们与庭前的树木和一切生命相呼应。由于绝少雕琢，木石尽可能地保存着天然本色，即使有少量的加工，亦出自人类双手天然的能力。这就孕育成了楠溪江建筑给人的亲切感。建筑物的形式也是很自然的，宜廊则廊，宜堂则堂，轻巧的披檐自在地遮挡着一切应该遮挡的地方。翘曲飘洒的屋顶，像搏击长空的鹰翼那样灵动。

楠溪江人的环境审美意识，同时也表现在村落的选址、规划、绿化、园林、构图等上面，使人为居住环境与美丽的山川构成统一的景观。

开发楠溪江的先人们全都把村落建在风景优美的地方。谢灵运的后裔本来定居在郡城，有一次“诜五五公游楠溪，见鹤阳之胜，又自郡城迁居鹤阳”（《重修鹤阳谢氏宗谱序》）。其他各村的宗谱里也都记载着类似的选址故事。如塘湾村始迁祖因“爱楠溪山水之胜”，而来落户；渠口村始迁祖也是“爱其山水之胜，遂家焉”等。

豫章村在小楠溪南岸，进村之前先要穿密林，过荒江野渡，再穿密林。村后如刻如削的峰峦，层层叠叠向两侧涌腾伸展。山脚下平畴如带，竹树掩映中参差着百十户人家。江水在村左村右潆洄成宽阔的碧潭，隔江正对一座青翠的狮子山。《豫章胡氏宗谱·旧序》（康熙三十四年）说：“永嘉山水，秀丽无如楠源大小二若[1]，巉岩耸挺，空兀崆峒，历有仙灵凭居托迹。下此而称名胜，莫如豫章。文峰砚沼钟其奇，玉笏幞头著其异。其间降岳发祥，代多伟烈，居其下者，则有胡氏……宗族殷蕃，子孙秀蔚……宗支派衍，霞蒸林郁。”

珍溪上游的廊下村在一条山沟里，四周山形奇突。溪水从东北来，掠过村北、村西，由西南流向花坛村。《珍溪朱氏合族副谱·廊下即景诗序》里说：“山连雁荡，入径已觉清幽；地肖龙头，过岭方知奥旷。水环如带，可数游鳞；峰列为屏，时度飞鸟。桑麻菉其蔽野，枫梫馥乎盈山。仿佛乎桃源之幽隐，盘谷之窈深焉。”楠溪江两岸古村落的风光大多如此，傍山就水，充分发展环境的美。

楠溪江人以他们的文化素养感受环境的美，极为细腻、鲜明。《坦下陈氏宗谱》载康熙时人玠侯先生五言律，描绘坦下村的风景：“团团一派石，绿竹间青松。沙外溶溶水，门前叠叠峰。山花开屿岸，野鸟唤春风。锄犁能读史，□□振飞鹏。”

经过文人们揣摩品评，楠溪江许多村落都有“十景”“八景”之类，宗谱里也多有“名胜”专篇。谢道宁“鹤阳八景诗”之一《锦嶂春晖》：“万仞屏环仰照临，阳和随见破群阴。岩花呈秀分高下，野树浮光间浅深。适兴岂无人蹑屐，寻幽还有客抚琴。西郊只隔疏林外，多少红尘乱扑襟。”诗把风光的美和一种自然的生活态度融合在一起，通过追慕先祖康乐公，又把这种生活态度和千年的文化传统联系在一起。

经这些在乡文士倡导，楠溪江人很重视保护自然环境，其中包括树木，以至村村有风水林，不许砍伐。村子里绿荫处处，村头村尾，古树浓荫蔽天。《棠川郑氏宗谱·新宫坳樟树记》载，新宫坳里有太阴宫，“宫右侧有樟木一株，其大可丈围，其高难尺计……葱茏在望，经雨露而弥妍；新秀可餐，阅风霜而不改。斯固刍荛之所栖息，抑亦竖牧之婆娑也。然蔽烈日，御罡风，位置得宜，其又有关于风水乎？”但是，竟有见利忘义之徒，企图砍伐这棵树。“于是村中知事者不敢袖手以旁

① 指小楠溪的大若岩、小若岩。

观，斟酌再三，集款买归老宗祠之业，立有字据，永后并不许砍断。”

流连、吟咏、保护都不足以充分表达楠溪江人的山水情怀，他们进而要为山川生色。楠溪江大小村落往往都有台榭亭阁之类的风景小品建筑物。记载最早的是北宋进士、宝章阁侍制陈余师在莲下村“筑一笑、拨云二亭于富岩以观瀑”（见《两源陈氏大宗谱》）。比较著名的则在谢公后裔的鹤阳村有几座小品建筑。宗谱载，元代至正年间，谢毅孙“襟怀潇洒，雅爱宾客……善音乐，喜与人吟咏……与西席陈先宾主义洽，相与筑台于东山之上，植兰种竹，取康乐公遗言镌其岩曰兰玉台。师生经暇，憩息其间，以消长夜。朋友倡和，成《兰玉台集》”。到了明代中叶，任职锦衣卫的谢廷循“创楼于鹤溪之西，因楼傍清流，故名曰‘临清’，以为宴宾吟咏之所”，同时在“村北水溪”造了一座“临流亭”。谢廷循绘临流亭图呈明宣宗，宣宗竟题了一首诗：“临流亭馆净无尘，落涧泉声处处闻。半湿半干花上露，飞来飞去岭头云。翠迷洞口竹千个，白占林梢鹤一群。此地清幽人不到，惟留风月与平分。”这座亭子因此也叫“宝翰亭”。

对山水点缀增益，仍然不能满足文士们的一往情深，于是他们动手创建山水。楠溪江的“隐士”大多喜欢“锄园种花，凿池开圃”，布置私家的小园。《乐安珍水朱氏宗谱》载廊下村朱映峰“隐居歌”道：“非士亦非农，半耕还半读。傍山数顷田，临水几间屋。筑园又凿池，栽花复种竹……花自吐清香，竹亦言芳郁，池水漾芰荷，园蔬借葙苜。”明代中叶，花坛村的朱逊“家颇饶，经营堂构，余址凿池开圃，植花养鱼，以为宗戚朋旧壶觞吟咏笑傲处”。约略同时，同村朱阖轩有“石假山”诗一首，首联是“谁软挺秀若天然，叠翠层峦景万千”（《珍川朱氏宗谱》），可见当时造园中已有叠假山技艺。岩头村的上花园，苍坡村的水月堂，芙蓉村芙蓉书院山长住宅和“大宅”都有小园，至今古木参天，花墙和假山残迹依稀可见。

山水情怀造就的楠溪江村落最大的特色之一就是大型的公共园林。岩头、苍坡、溪口、渠口、埭头、珠岸、西岸、鹤盛等村的公共园林大体还保存着。埭头村、鹤盛村和鹤阳村的公园在山坡上，西岸村的在江边，古木森森，远远就能望见。岩头村的公园纯借人力，内容最丰富，布局最多变化，是明代嘉靖年间兴造的。它包含一座小小的汤山、一片镇南湖、一片进宦湖和位于它们之间的琴屿半岛，及一条三百米长的丽水湖。两个湖都由人工堤坝拦蓄溪水形成，堤上古木数株，绿荫下一座精巧玲珑的小亭。汤山顶上有塔，山麓有阁和庙。湖中荷花盛开，岛上芙蓉灿烂如霞。

公园是村民们公共活动场所，尤其乡村文人们更常在此聚会休闲，如岩头村的“十景诗”就描绘了他们在公园里的活动。其中“长堤春晓”诗有句“结伴连朝频载酒，行吟不惜绕长堤”；“丽桥观荷”诗有句“坐对嫣然如解语，乘风散步纳凉时”；“清沼观鱼”诗有句“绍堤花柳可行歌，笑看游鳞跳锦波”；“曲流环碧”诗有句“不知把钓垂竿子，坐对渔矶乐若何”。在这些诗里，乡村文士们的生活和意趣宛然可见，也可见他们如痴如醉的山水情怀。这些乡村文士在公园里过着高品位的文化生活，必然会把他们深湛的文化修养带到公园的一草一木中去。所以这些园林的建筑风格都很清逸淡雅，且诗情画意，不脱乡土本色。贯串在楠溪江中游村落建设中的山水情怀和生活文化，正是楠溪江中游乡土建筑不朽的魅力所在。

村落规划和建设工作的机制

楠溪江一些村落的建设，经过统一规划。然而要在很长时期里坚持规划管理，必须有集中的、强而有效的行政权力和稳定的社会基础及能够推动和胜任这些工作的人。正是这些前提，使楠溪江乡土建设必以聚落为单元。

宗族组织的作用

楠溪江的村落几乎都是血缘村落，一村一姓，一个宗族。虽然有政府的行政系统，但是在封建的农业社会，宗族组织实际上才是血缘村落的政权机构。所以，村子里通常有大大小小的宗祠，有些村子甚至有十几座宗祠，却没有一个村子有地方行政机构的公廨。两汉、南北朝和隋唐沿袭了将近一千年的门阀制度，到了宋代彻底消失，代之而起的社会组织力量就是宗族。范仲淹、欧阳恂和苏轼都曾经顺应历史潮流，为加强宗族地位和作用而有所创建。欧阳恂和苏轼倡导宗谱学，各自设计谱式，沿用了一千多年。范仲淹则提倡宗族设义田，抚老恤贫，保证族人“日有食，岁有衣，嫁娶婚葬皆有赡”，从而加强了宗族的社会功能和凝聚力。宋代的理学家重修身，吕大钧[1]首先提倡“乡约”，在他的家乡陕西蓝田推行之后，“关中风俗为之一变”。于是，乡约便成为理学家用他们所阐释的儒家礼乐来教化乡民的生活公约，规范了乡民的思维方式、行为方式和价值观念。而宗族就是推行乡约的组织力量。

南渡之后，朱熹在南方推行吕氏乡约。楠溪江的主要宗族大都在这时期形成，不但产生了自己的理学家，并与朱熹有来往。到了明代，先任永嘉县令，后来又任温州知府的文林，在任知府时于弘治十一年制定了一套族范，基本内容与吕氏乡约一脉相承，在温属五邑推行，楠溪江“各族应之”，纷纷写入宗谱，成为“家训”“族规”或“宗范”。

族范是宗族的基本法，它的“掌教名数”则是宗族的组织法，主要内容包括有[2]：

一、族宾（按：无说明）。

二、族献（按：无说明）。

三、族长：族长乃一族之统领，必先正己而后正人，务秉至公以御群子弟……必使上和下睦，同敦雍厚之风。

四、族正：设学行兼优四人为族正，以匡族长之不逮也。凡

① 字和权，陕西蓝田人，与张载为同年友而师事之，后又从二程学，但其学派仍为关学。

② 全文在《珍川朱氏宗谱》和《珍川朱氏合族副谱》里，二者详略不同，稍有出入。

族内有事，先当咨于族正，然后白于族长之前，为之分辨曲直，析正是非，庶有统属而无紊乱，抑亦正风俗而免事端矣！

五、主籍：择公直子弟二人为主籍，掌管善恶文簿……如此则劝惩之法立。

六、司学：择取性行端庄、学识明达者一人主之，专一训诲弟子，讲习诗书礼义等事……。

七、司讼：推族内洞明事理二人为司讼。凡族之有讼者凭其禀白族长、族正，劝谕不止，乃率于官治之，毋得轻造公庭。

八、司恤：司恤二人。凡族人及乡里亲戚贫穷患难，丧葬嫁娶力不赡者，司恤为之白于族长前，劝谕族中之有力者周恤之……。

九、司直：推选性刚直、遇事敢言者二人为司直，凡族长有过，从容指陈于族正前，以凭劝勉。族正有过，陈于族长前，以凭规戒。族众有过，轻则直接以屈之，重则白于族长斥之，使之改过自新而后已。

十、司纠：推举铁面无私、不避嫌怨者七人司之。凡族人为恶不听劝谕者，司纠率至家庙，由族长重责。再不听，从官惩之。

十一、值月：举老幼各一人为值月，凡一月之内，一应大小族人所为善恶及词讼等事不报于主籍者，值月必询访而报于各执事，各执事书于簿籍，以白于族长。

这个“掌教名数”把宗族组织规定成很完备的政权机构。《枫林徐氏宗谱·族范八条》里甚至规定可以动用“祖宗家法”，把“孽深害大，素性又终不肯改移”的盗窃犯处死，“令其全身自毙”。宗族也可以在必要时组织“乡勇”“义兵”这样的武装力量进行战争。

宗族组织要负责非一家一户所能承办的农田水利建设和管理。《珍川朱氏宗谱·宗法》里规定，由族中派人“包灌稻禾田水，节省人工、水料，避免争端，此乃联宗睦族之道”，并且写明了各种气候情况下各类地块的灌溉顺序和方法。宗族有公有经济，包括公田、祭田、学田、义田之类的收入，且在宗谱里严格规定公有田产不得盗卖。

宗族又是培植和维护封建意识的强大力量。文林“族范”规定：“凡遇春秋祭祀之时，朔望参谒之日，族长、族正以下，依次而坐，令弟子三人北面而立，读太祖高皇帝‘旧制’。其词曰：‘孝顺父母，尊敬长上，和睦乡里，教训子孙，各安生理，毋作非为。’族属皆跪听。又读古灵陈先生‘劝谕文’，曰：‘为吾民者，父义，母慈，兄友，弟恭，子孝；夫妇有恩，男女有别，子弟有学，乡闾有礼；贫穷患难、亲戚相救，婚姻死丧、邻保相助；毋惰农业，毋作盗贼，毋学赌博，毋好争讼；毋以恶凌善，毋以富骄贫；行者逊路，耕者让畔，斑白者不负载于道路，则为礼义之俗矣。’族属立听。”[①]有些宗谱里规定得更隆重，朗诵每篇之前要击鼓三声。朗诵时“各要悚然而听，如有在班谄笑闲谈者，族正举于族前，量行责罚，以警将来”。

物质力量加上精神力量，使宗族组织的力量非常强大，甚至强过政府机构。而这样强大的宗族力量，足以管理关系到整个宗族利益的村落规划和建设了，这是楠溪江村落大多有完整的规划、有管理得很好的公共生活中心的主要原因。但是，除了族长的任命按惯例“以齿不以爵，以齿不以尊”之外，其他从族正以下各种职司，其实都只能由有文化的读书人担当。其结果就是农村的各项权力基本都掌握在士绅乡贤手里，也可以说他们的素质决定了村落的命运及面貌。从各村的宗谱里可以见到，村落里比较重要的建设成就都是由几位热心公益的乡绅文人所创议和主持，并且得到宗族的组织保证。《棠川郑氏宗谱》里有三篇重要的文章：“长堤记”“池塘记”和“新城记”，它们很生动详明地记述了这种情况。

士绅的作用

楠溪江村落的士绅乡贤，主要是辞官还乡、绝意仕进和举业不成的

① 《岩头朱氏宗谱》将此条列为“家规”第一条。

读书人，他们组成了乡里社会的领导阶层。由于他们受过良好的文化教育，在论学吟诗之余，大多关心乡里建设，乐于善举，从而把他们的文化修养带进了村落的风貌中。

村落的规划都在初期，因失于记述，早已没有可靠的资料。但各族宗谱里都记载许多有功于乡里建设的人，也记载了一些有长远影响的建设工程。例如岩头村《金氏宋谱》记载了第二世祖日新公（生元中统丙子，卒元至正戊子）[1]建设水利的事："时厥土苦于旱潦，频岁不登，府君相地宜，顺水性，浚两渠于沸头之南，达泉下灌，常获丰稔，两都农业，迄今赖之。"其后又有桂林公，宗谱里说他"由始迁岩头以来，列祖非无建造，而兴利之多，功德之盛，应推府君为第一"。他的作为是"培风水、兴地利、置祭田、建公业"，又"本族地址颇高，田苦旱涸，升四四公（桂林公）捐田废赀，开凿长河一带，以备蓄泄，开筑高埲，培闸风水。建亭造塔于其上，垂成，归之大宗，为通族公益"。约略与桂林公同时的嘉靖进士金昭（霞峰公）则建设了上花园、下花园、大宗祠，还为自己造了个牌楼。由于先后有这几个人从事乡里建设，所以岩头村的水系、街道、公共建筑、园林等，在楠溪江都是最出色的。

苍坡村和芙蓉村规划严谨、水系完备、街道整齐，苍坡村还有大片的园林，这些都靠两村历来皆有热心建设的人士。筑长堤蓄水成湖，在苍坡大约是南宋淳熙五年（1178）的事，早于岩头几近四百年。芙蓉村陈氏有绪公（1692至1753），"有经济才，读书知大义……乐于济施。创神庙，建祖祠，增置祀田，造舟以济往来，筑防以利灌溉。公平生所为，有功于族党者未易枚举"（《两源陈氏宗谱》）。

《棠川郑氏宗谱》里有一篇"长堤记"，记的是清乾隆丁卯年（1747）春，宗人郑西献捐资并组织人力建造堤堰的事。记中写道："棠川胜区在双溪会所，衔远山、吞长流，前有雷峰九嶂之异，后有马石天岩之险，至若屏风纳日，和合留云，在在称奇。惟路尚缺一堤，虽乔木荫翳，水声潺湲，而往来行人，往往苦此。今则累石为堤，不惜工

① 生卒年记载明显有误，中统无丙子。

程，自东岭至西岭，约数十余丈，状如江塘，平坦可以车行。”

除了水利、宗祠、庙宇、道路之外，书院历来也是乡里建设的重点，吸引了士绅们最多的注意。《珍川朱氏合谱·慎轩公传》说，公“生平乐善好施，而于读书一事尤其所笃，当虑族子弟辈无肆业所、不克振长人材，作兴后学。爰捐重赀，襄诸乡之知名者创建文昌阁两庑，以为讲学之所”。也有一些对环境绿化有特殊兴趣的，如花坛村的朱复翁“好读书；朴而不滞，惟亲贤取友以自励……洪武初，诏山林隐逸，郡县强荐于京，授朝列大夫，乞归，许之，声名益重。建宗祠，置祭田，以奉祀先人。筑室芳畬，植松树数万株以自蔽，因以云松自号……啸傲云松间，商榷古今，抚琴作诗”（《明征授朝列大夫云松公墓志铭》）。

这些乡贤士绅在乡土建设中主要的贡献当然是倡议、擘画、捐资，至于工程的主持就要依靠宗族的力量。例如康熙二十一年六月，为重建渠口叶氏大宗祠，由宗人叶健等发起，“会同两房商议，仰体先人创建之心，各出己资，重建宗祠。择本年八月初六起工切木，来春二月初一日竖造。当日估算，材木几何，椽木几何，考工几何，约用银陆百两”。两房依人口比例分担，长房出四百两，二房出二百两，而粗工由长房负责。这件事显然是由宗族主持的。（《渠川叶氏宗谱·叶氏合同议据》）

有些宗族把修桥铺路当作一种义务写进家规，如《岩头朱氏宗谱·家规》里写道：“桥、路、渡舟倾坏，子孙倘有余资，当助修治。”在《渠川叶氏宗谱》里有《石马岩石栏杆志》和《前山楼梯岩志》两篇文字。前者记一条“上峻壁、下深潭”而宽仅一米左右的山路，“时有夜行客人至此倾跌而下，其危险莫可言状”。于是一批村人“醵集巨资，建造石栏数十丈。自斯以往，该处变险为夷”。后者记渠口村前山“有名楼梯岩者，高六丈许，陟降必经之处，峻无阶级。樵夫至此，莫不栗栗危惧”，也有一批善人，集资雇石匠，“将高峻处开凿阶级如楼梯焉”。此外这个宗谱里还有二十几则关于修路的记载。

把这些善举记录在宗谱里，是对当事人的揄扬，“传之永久”，作为子孙后代之表率。宗族就用这个崇高的荣誉来激励有余财的人从事乡里建设。如《岩头朱氏宗谱·家规》载:“祠堂、坟屋稍遇倾圮，亟当议修，量以坟租、祠租内暂行抽贮，以给支费。如有贤孝子孙捐资乐助者，当登记于谱。”更有记入宗谱之外再加碑刻的情形。例《鹤阳谢氏宗谱》记第五世端先公“敦尚德义，轻财好施，凿溪港以疏壅滞，乡里赖之。因勒石于鹤岭溪滨，内镌‘宋绍熙五年谢十八居士开港’十二字，以志其绩”。一般修造庙宇和石桥也往往把捐资人的姓名刻在碑上或桥上。最突出的是岩头村的桂林公，在他去世之后，村人们为纪念他对村子建设的重大贡献，把他创建的书院改成了奉祀他的专祠，称为水亭祠。

在乡文士不论是直接，还是通过宗族组织从事乡里建设，他们的文化素养和山水情怀就转化在这些建设之中。楠溪江村落里文化建筑的类型和数量很多，其建筑的风格大方素雅，而且追求建筑与自然山水的融洽。例如乾隆年间造的花坛村文昌阁“门临水曲，地耸云端，拱群峰之突屹，面万木之郁葱，珍川之胜，于此称第一焉。登斯阁者，晨夕之赏心各异，四时之兴趣不穷，文思秀发，颖悟宏开”(《珍川朱氏合谱·慎轩公传》)，在山川胜景中秀发文思，当是清新俊逸。

堪舆师的作用

堪舆风水之说对楠溪江村落的规划和建设有很大的影响，而阴阳师或者地理师大都出自乡土文人这个阶层。所以，风水堪舆之说是乡贤士绅影响农村规划和建设的又一个途径，而阴阳师或者地理师，则在一定程度上有着类似规划师的作用。

明代嘉靖年间对岩头村的建设做了重大贡献的桂林公就是一位地理师。《岩头金氏宗谱·桂林公行状》说他“屡试不中，转而习青囊，相宅卜地”。传说他还得到宁王幕下谋士“国师”李自实的帮助，所兴建的无疑都经过堪舆风水的考究。与桂林公大致同时，岩头村还有一位九峰先生，他“凡经史以及诸子百家无不娴，且究心星学，陶情音律，至于制艺歌词，皆其余事耳”(《岩头金氏宗谱·九峰先生五旬寿序》)。

清代中叶咸丰年间，蓬溪村有一位谢文波，宗谱有一篇《谢公文波六旬初度寿序》说："近百年来，俗尚武力，独文波笃内行；嗜书史，学涉赅博，家多藏书，插架林立，于壬奇、星数、音韵反切之学，旁及琴棋八法，无不精通，风雅过人远甚。"这位先生的著作有《东瓯杂俎》《因音求字》《四声正误》《反切法》和《草药谱》等。

这些记载说明，当时习堪舆风水、壬奇星数的人，都是些饱读经典诗书的儒者。儒学是上层的雅言文化，术数是下层的民俗文化，本来属不同的两类。不过，早在汉代独尊儒术的时候，就已经把它与阴阳五行结合起来了。之后，儒者把堪舆风水、壬奇星数当作一般文化知识来学，并不以为与儒学的正统精神有根本的矛盾，只在迷信得太近乎怪力乱神、有悖于情理的时候才加以驳斥。例如长期停厝不葬，"以死者为生者祈福"的迷信，就受到传统儒者的严厉批评。

堪舆风水是迷信邪说，但阴阳师和主持村落建设的士绅们都是当时当地最有知识的人。他们具有双重人格，有时会在一些问题上表现得愚妄可笑；但由于他们富有阅历、经验，也会对一些问题做出合乎实际的判断，如对村落选址、水系规划、村落结构布局、防御工程、街道网、重要建筑物的位置和朝向等，就可能会有一些比较好的建议。为了保护他们的职业，或者为了增强他们对自己实际判断的自信心，和他们的建议对公众的说服力，所以也必须使自己的经验知识附会风水堪舆的神秘理论。塘湾村的筑城和凿池显然都是为了迫切的实际需要，但也附会了一套风水说法。看来这说法确有助于号召村民们同心同德，出钱出力，来办成一些公益事业。

楠溪江中游的村子，例如苍坡、岩头和芙蓉三村，都流传着国师李自实规划村落的故事。例如南宋淳熙五年（1178），苍坡村九世祖李嵩请李自实规划了寨墙、街道和池塘、水渠。他使主街直指西方远处的笔架山，将主街命名为笔街，以利于发荣科甲。但笔架山又像火焰，为防笔街引火烧村，就在它东端造了两口池塘，以水克火。池塘之一称砚池，再以村子附会纸张，两块石条附会墨锭，与笔街一起组成"文房四宝”，这就更加有利于科甲了。又例如明代嘉靖年间，桂林公请李自实规划岩头村，他问桂林公希望“紧发”还是“慢发”。紧发即是将寨墙包住金姓聚居范围，数代之内就可以发达，但前途有限；慢发即把杂姓聚居地也围在寨墙里，发达虽比较慢，但前途更加繁荣。桂林公选择了紧发，寨墙就是现存的状况。李自实认为，村东的屿山是一条大蟒幻化的，会对村人不利，所以在村中规划了四条东西向的窄巷，象征四支箭，另两条在东端分岔的小巷，和一条东端曲折的小巷象征两把半“镗”，这七件武器就把屿山大蟒镇住了，可以保护村人平安。据传说，元至正元年重建芙蓉村的时候，也是由李自实看风水做规划的。

这些故事荒诞无稽，而且一个国师李自实从南宋历元代直到明嘉靖年间还在，显然也是虚构。但这些故事却说明当时确实有这类人对村子的规划性问题提出建议。

虽然有些士绅乡贤从事堪舆风水之术，但也已经有人注意到它宿命论的消极作用。不语怪力乱神的儒家文化，对属于俗文化的风水术是很有批判能力的。例如，伪托朱熹写的《雪心赋》大肆鼓吹风水，说“将相公侯，胥此焉出；荣华富贵，何莫不由”，但是，这种宿命论不但没有丝毫的伦理教化意义，甚至有碍于儒家的伦理教化，也破坏了儒家教化的价值观。因此朱熹在《大学衍义补·家乡之礼》中写道：“世有选择之法存焉，不能不用之以代卜筮。但其所谓希福禄不可信，其趋吉避凶之说亦不可。”堪舆家也有“灵山灵穴，有德者居之”，“山地好，不如心地好”这类话。连《雪心赋》也说“欲求滕公之佳城，须积叔敖之阴德”，“穴本天成，福由心造”，甚至说“积德必获吉迁，积恶还招凶地”，又把风水的决定作用否定了。风水理论的这种自相矛盾，反映出正统的雅言文化与民俗文化的矛盾。民俗文化里多巫术因素，而雅言文化则不能不重视儒家的乐礼教化，因为这是维持社会秩序所必需的。

楠溪江的乡绅们，也是一方面迷信风水，一方面又要或轻或重地批评宿命论，以维持儒家的伦理。例如豫章村到清代中叶以后文运渐衰，在《重修豫章胡氏宗谱序》里，怀念宋代“斯时一门三世登进士者五”，到明代又出了“十三世祖宗韫公升文渊阁大学士、中书舍人”，受到皇帝赐馔的恩宠，然后说：“人咸曰豫章山川秀甲两源所由致此。予曰，允若兹，今何不古若也？岂山川灵淑之气独钟于昔而不钟于今耶？虽本朝康熙年间地被水坏，而人事尽则天心可回，诚能起而读孔圣书，法周公礼，犹可易否为泰，转剥为复焉。”对风水的批驳鲜明而有力。

又如乾隆年间，廊下村的朱阊轩为文昌阁选了个风水吉壤，改迁之后，他曾得意地说：“顾翊运者神，钟灵者地，含英揽秀，未必非吾乡之一大裨益也。”但又不得不说几句救漏补罅的话：“吾乡朱氏，自宋明以来，登科第者代不乏人，然其时未有祠也。士苟穷经学古，志趣不诡于圣人，则翼思启行，神自降祥以助之，区区庙貌云尔哉！”（《珍川朱氏合族副谱·重建文昌阁记》）

据光绪《永嘉县志》，明代郡守文林、何文渊等和地方上比较有学识的乡绅，曾经对巫风淫祠、卜筮堪舆等做过批判且明令禁止，把这些迷信的风行看作是人心浇漓的一种现象。不过这种批判收效甚微，后来只剩下按照文林指示写就的《珍川朱氏合族副谱·族范》里的“死者以窀穸为安宅，死而未葬犹行而未得其归也。是以孝子虽爱亲而留之不敢久者，以亲未获所安，故寝苫块，己亦不敢安也。为子孙者当执正理，毋或泥于堪舆风水之拘及惑于阴阳家时日之忌……致令丧灵久露，反伤于义，获罪于亲”。

儒家的伦理是封建社会中最高的行为规范，它是理性的、现实的，以维持社会生活的正常秩序为目的。而堪舆风水毕竟是迷信，且无从验证，虽然利用人们的愚昧似乎处处在起作用，但是，它的存在和作用又以不损害儒家伦理的实际运行为条件，所以，事实上堪舆风水之术只能在渺不可知的阴宅选穴上起决定性的作用，而在村落的规划建设上，它的作用常常是附会、修正，偶然也被用来推动有实际利益的公共事业。

工匠的作用

楠溪江的建筑工匠体制，和传统的设计、计算、施工等方法，以及有关的民俗行为，皆已经无从查考。[①]不过可推断的是，在长期小农自然经济社会中，工匠的专业化程度不高，没有组成经济实体，而以父子师徒方式传承，加上一些行业习俗。这种推断大致合乎实际。

工匠大多不是士人、富人，也无从襄赞善行义举，所以不载于宗谱。偶然有几位因为有功于乡间，品行超卓，才得以占几行楮墨。例如《两源陈氏宗谱》载明代工匠“有福公，字祐如，号兰轩，智巧绝伦，有造凤阁龙楼之技。家贫不能读书，然颇知大义。岁戊子建文广公祖祠，公匠心独运，不惮艰辛”。另一位也是明代的工匠，见于《坦下陈氏宗谱》：“讳士商，字兆霖。气象温和，与人无忤。少习公输之业，精专其事，相材度木，适中其度。所以遐迩创厦新宇，皆任于君。至今蚨蜻有继，家道渐宁，然能颇知尊宗敬祖，凡有义举，靡不竭力。”从描述的“匠心独运”“相材度木”来看，这两位匠人还兼任了设计者。

由于父子师徒承传，建筑行业的各作都有了专业村。例如“大木老司出罗坑，石头老司出中堡，烧瓦老司出敬仁，泥水老司出绿嶂”[②]。虽然有专业村，但工匠的专业化程度还不高。大木老司也做床柜、书桌、琴凳，甚至织布机和风车；泥水老司也做锅灶；打石老司也做捣臼、磨盘、石柱、牌坊等各种石器，甚至刻碑文。砌墙老司的行当尤其驳杂，要造石拱桥、铺路、筑矴步、垒城墙、券地道、砌田坎等。最使这些老司的手艺发挥得淋漓尽致的是各种装饰的制作。泥水老司会塑飞禽走兽、人物山水、狮子麒麟，“堆龙就像龙一色，塑凤就像凤飞腾”。打石老司会打这些题材，还要把“狮子捧球打镂空”。砌墙老司则会用卵石在地面镶出各种图案，叫作“插花石”。

---

① 楠溪江中游村落，现在的新建房屋多为青砖承重墙、钢筋混凝土屋盖及楼板。

② “地名谣”，传于楠溪江中游东侧。1988年中堡村陈乾口述之，时年八十。见《永嘉县志·歌谣谚语》。

关于这些匠作，楠溪江都有歌谣吟咏。雅言文化的宗谱所不取的却在民俗文化中代代流传。民俗文化基本上是劳动者的文化，如一首描写“大木老司”的歌谣是：“大木老司手艺精，手控丈杆量得清。曲尺木斗线弹准，墨画梁柱分寸明。双退大屋两边轩，能造高楼大厦厅。梁上叠梁斗叠斗，红油栏杆雕花名。宫庙寺宇造古董，亭台楼阁八角井……”①

丈杆或称制尺、造篾，在上面画定整幢房子或者一种构件的全部大小尺寸。它相当于建筑设计图或施工图，工匠依靠它能造出三退住宅、高楼大厦、宫庙寺宇和亭台楼阁各种类型和形制的房屋，包括相当复杂的斗栱。以造古董为能事是农业社会中的保守心理，反映出生活的停滞和小农眼光的狭隘。

有一首长长的歌谣详细描述了房屋的兴建过程和工匠的劳作：“深山采来沉香木，鲁班祖师造新厅。择定黄道吉庆日，起木发兴做不停。大木老司来做工，画好图样定屋形。石匠老司定磉石，阴阳定向遇吉星。清吉良辰来拼木，多少工夫料排成。黄道吉日开柱眼，竹匠柱头箍得紧。竖柱喜遇黄道日，上梁巧逢紫微星。梁上重梁斗叠斗，四面花窗映花明。屋顶盖落滚栋瓦，地砌玉砖斗七星。四面搭起禽兽头，墙头嵌镜发光明。九曲游廊团圈走，平池著板太和珍。②玲珑花窗腾落闼③，窗下书桌摆现成。前后锁落门对门，开门关门凤凰声。前有亭栽栖凤竹，后有池养化龙鱼。兴造房屋关风水，财聚小康振家声。”

这首歌谣值得注意的有两点：一是明说木匠老司“画好图样定屋形”；二是明说石匠老司“阴阳定向遇吉星”，且这工作是在“定磉石”的时候做的。看来石匠老司在单幢房屋范围里也掌管着风水，他可能是遵照《鲁班经》里的一些规矩，因为前面说“鲁班祖师造新厅”。此外，“三十六行歌”开篇便唱：“鲁班祖师是亲师父，传授老司手艺精。”同时，这首歌谣也表达了乡人们对建筑的审美理想和对匠人技艺的称赞。

---

① 手抄本，黄田乡东占岙村黄龙喜所收藏。见《永嘉县志·歌谣谚语》。

② 天花板和它的装饰。

③ 上下抽拉封闭窗子格心的木板。

规划篇

村落选址和水系

楠溪江中游古村落的建设大都经过完整的规划。建设得比较早，并且把早期的规划基本保存到现在的有苍坡村、塘湾村、芙蓉村和岩头村等。苍坡于五代后周显德二年（955）建村，凡从宋至和二年（1055）起的重要建设《苍坡李氏宗谱》都有记载，包括宋淳熙五年（1178）的一次全面规划。这些记载的情况与苍坡村的现状大体符合，水系、主街和公共建筑一一都在。例如，淳熙五年九世祖李嵩在村东南筑坝蓄水形成东池、西池。李嵩死后，夫人梲溪刘氏继续完成了寨墙、笔街和寨门，并挖了环墙水渠。塘湾村始建于宋代，《棠川（塘湾）郑氏宗谱》里有一则资料提到绍兴年间的前街、中街，它们至今还是塘湾村的主要街道。芙蓉村也初建于宋代，南宋末因抗元而被完全焚毁，元至正元年（1341）重建，大体保持了原来的格局。岩头村的规划在明代中期，清代中叶被大规模破坏，但原状还可以追迹。它的水系和园林绿地在楠溪江村落里是成就最高的，至于局部保存下来的规划建设就几乎村村都有。

虽然没有文献资料，从现状看，村落规划的主要内容包括了选址、水系（沟洫渠道、池塘、井）、布局（街巷网、功能分区、公共中心、园林绿地）、防御系统（寨墙、溪门、谯亭）等。这些规划内容的部分项目在其他地区的村落里也可能见到，但全面综合实施，而且如此整齐，在其他地区就很少见，这也正是楠溪江村落的重要特色。

选址

楠溪江的村落在建村之初，都很重视选址。选址的主要考虑是自给自足的自然经济之下的农业生产和生活。而影响生产和生活的基本元素是水、地、山，因此，附会水、地、山对居民凶吉祸福关系的堪舆风水之说也相当活跃。

楠溪江人对生存环境的认识是全面而综合性的。《渠川叶氏宗谱·重合族谱牒告成附书于后》里说："渠口，吾祖光宗公发祥之所也。阅世三十有三，历年千百有余。围绕者数百家，沿缘者七八里。凤山翥其西，雷峰峙其东，南有屿山，而其外有大溪环之。中穿一渠，可以灌田。而其北则层峦叠翠，不一其状。有径可通四处，田高下横遂，布列如画挂然。泉流涓涓，声与耳谋。地僻非僻，山贫不贫。有樵可采，有秫可种，有美可茹，有鲜可食。桑麻蔽野，禾稼连畦。巡笋地而挑衣，趋茶天而焙牛（？）。民赖其利益已久矣！"（《道光二十年三十一世裔孙崒东志》）这一段描写，说到山川形势、交通、水利、农业、林业和渔业。《荀子·强国》里说："其固塞险，形势便，山林川谷美，天材之利多，是形胜也。"渠口正是这样一个形胜之地，现在是楠溪江中游的大村之一。

村落选址的第一个考虑是要有足够的可耕地，使农产可以自给。如《管子·度地》所说："圣人之处国者，必于不倾之地而择其形之肥饶者……乃以其天材，地之所生，利养其人，以育六畜。"堪舆名著《雪心赋》说到"发福之大居"应是"明堂平旷，万象森罗，众水归朝，诸山聚会，草盛木繁，水深土厚"这个意思。

楠溪江中游的村落，大多分布在河谷冲积平地上。这里土层肥沃，水源丰沛，交通便利，农业生产的条件最好，两侧的山坡又可以种薪炭林和果木林。条件最好的是地形比较开阔的盆地，其中最大的是以岩头村为中心的盆地，这个盆地里村落最多、最密，村落的规模也比较大。除了岩头村之外，重要的村落还有苍坡村、霞美村、周宅村、港头村、渡头村、芙蓉村、溪南村和枫林村等，这些都是楠溪江人文最发达的村落。它们建村比较早，而且经济、文化一直处于领先地位。其他几个人文发达的大村落大多位于小盆地中心，如花坛村、溪口村、桐州村、渠口村、豫章村等。《珍川朱氏合族副谱》里有一篇《伯清公珍川十咏序》，描写花坛村的环境："陵阜夹川，陂陀下弛，衍为原湿。林麓蔽荫，水田环绕，居民耕植其中，熙熙如也……是盖乾坤清淑之气所钟聚融结，必有玮瑰俊秀杰出乎其间。"由于水土好，有利于农业经济的发展，就能培育出人才来。花坛村确实是个人才辈出的地方，尤其在明代，更是人才济济。

宽敞的盆地里，村落大多占用平地，形态集中而且方正，如岩头、苍坡和芙蓉三村。狭窄的河谷平川里，村落大多依傍山坡建造，让出宝贵的耕地，而且规模不大，顺等高线呈带形，例如蓬溪村、埭头村和水云村。水云村的谷地稍稍宽一点，《大若岩志》说它："村民多集于溪西大若岩北马鞍山麓，土地平旷，山泉下注，涧别渠分，阡陌交通。屋舍比连，安居乐业者二百余户，大小宗祠檐垣相望也。"有少数村落，例如周宅村和它北侧的渡头村及南侧的港头村，皆为了让出耕地而造在河滩上。这些村落相接呈带形，甚至与南侧的方巷村连接了起来，长度在两公里以上。

有一些沿江村落农田很少，就靠发展手工业，如西岸村，位于一座小山和江流之间，村民以制作粉干运销温州，补助收入。①还有一些则做木工、烧窑、使船等。

村落选址的第二个考虑是避水害，抗洪排涝。楠溪江流域年年夏季都有台风暴雨。每逢暴雨，江水骤涨，奔腾咆哮，摧毁力极强。康熙年间的一次大水就把豫章村临江的"外宅"部分一冲而光，至今还是一个

① 现在是养蜂专业村。

积沙的高地。

为了防洪，除了要有足够的高程之外，弯弯曲曲的江流两岸，村落大都造在沉积岸一侧而避开冲刷岸。按照堪舆风水的说法，就是村落前面要有“腰带水”，不可以有“反弓水”。堪舆书《山龙语类》中说道：“反背水，形如反弓，一名反跳水。此水漏泄堂气，无情之水也。”相传刘基所著的《堪舆漫兴》说：“金城弯曲抱吾身，如月如弓产凤麟；若是反弓不揖家，石崇富豪亦须贫。”金城水边叫玉带水或腰带水。《阳宅十书》中则说道：“门前若有玉带水，高官必定容易起；出人代代读书声，荣显富贵耀门闾。”鹤湾、鹤阳、鹤盛、东皋、枫林、西岸、桐州、碧莲、豫章、花坛、廊下等许多大一点的村子都处于腰带水的位置。蓬溪村虽然北面对着鹤盛溪的反弓，但迎着反弓的是霞港头坚硬高耸的石壁，而一条不大的小溪却在蓬溪村的东面形成腰带，并且潴而成两千平方米的一个湖，在风水上正好是“水聚天心”，大吉。芙蓉村在南宋时候，曾经出过十八位高级京官，村人至今仍津津乐道那十八金带，并且归因于芙蓉村“前横腰带水，后枕纱帽岩①，三龙捧珠，四水归心”的好风水。芙蓉村陈氏大宗祠里有一副楹联写着：“地枕三崖崖吐名花明昭万古；门临象水水生秀气荣荫千秋。”说的就是这个风水。

关于沉积岸和冲刷岸影响村落安危的认识，就这样被风水迷信隐没了。风水师说腰带水有情，仅仅是从它的环抱姿态引申而来，好在这并没有违背常识的判断。因为楠溪江流域多火山流纹岩，质地坚硬，有的地段反弓水对江岸的冲刷危险不大，所以仍有一些村落造在反弓水的位置。至于风水上的凶煞，可以用一些办法来破除，例如迎着反弓水造一座关帝庙就足以逢凶化吉。蓬溪村面对鹤盛溪的反弓水，就是这样处理的。关帝是“伏魔大帝”，是“恩主公”，能够镇辟一切灾祸。

村落造在沉积岸，除了可以减弱洪水对地基的冲刷之外，腰带水还

① 纱帽岩即芙蓉三岩，或云，仅指其西岩。

能够形成一个村落的自然边界，从而造成领域感。领域感会加强村落居民的内聚倾向，这对于血缘村落来说是很重要的，且自然边界也有利于减少邻村之间的纠纷。

选址的第三个重要考虑是安全。这是因为许多村落的始迁祖都是为了避乱才来到楠溪江的，而楠溪江又并非真正的世外桃源。例如：下园村的始迁祖为避晚唐黄巢之乱而来；苍坡、枫林、溪口、芙蓉等不少村落的始迁祖为避五代末年南闽王延钧之乱而来；渠口村始迁祖在北宋末为避方腊之乱而来；豫章村始迁祖是随宋室南渡辗转经江西而来的。他们饱经离乱，千里颠簸来到楠溪江，为的是找一块平静的土地休养生息。所以，他们时常选择闭塞的环境，或者易守难攻的环境。

蓬溪村是一个好例子。它四面被高山峻岭包围，只在北面有个小小开口，却又被鹤盛溪阻隔。要进入这个袋形谷地，唯一的路是架设在溪边悬崖峭壁上的栈道。[1]坦下村和塘湾村是另一类例子，它们三面环山，山势陡峭，不能通行，另一面不宽，筑起高峻的寨墙，很利于防守。为了选择这个地形，村民竟不顾村子朝向的利弊，以致坦下的住宅都朝西南，塘湾的住宅则绝大多数朝东北，两村只隔岸相望。还有一些村子背山面水，只有踏过长长的矴步才能到达寨门，例如廊下村、东皋村、白岩村、鹤阳村等。西岸村造在山之东、水之西，山水合围，加上一段寨墙，唯一的寨门开在山的南麓，形势十分险固。

选择这种闭塞的、或者易守难攻的环境建村，固然是为了安全，但有时也是为了遁世深隐。花坛村的始迁祖操隐公，南宋时在永嘉任县尉，《珍川朱氏宗谱·始祖操隐翁朱公墓志》说他："见世荒乱，民多聚盗，弃官不仕，家于温。初居城东花柳塘。初欲隐，但目击理乱，关心竟不能释。再迁罗浮[2]，而大乱扣（？）城。对其子曰：'此不足以隐吾迹矣！'东观西望，乃定居于清通乡之珍川。其地山明水秀，禽鸟和鸣，林深谷邃，景物幽清。乃置功名于度外，付理乱于不闻。"于是他

① 1980年代开山修公路炸毁了栈道。

② 在楠溪江注入瓯江处。

“陶然林下”，过着桃花源般的生活。

当然，不论是为了隐居还是为了利于防御，村落都必须有足够的良田。有些村落位于开阔地上，没有天险可守，只好全仗筑墙了。也由于村落整体的设防，才使村落内部房屋能够开敞外向，一片太平景象，这正是血缘村落的特点之一。

选址的第四个重要考虑是要有长好的小气候。楠溪江各地的小气候，因为地形多变，差别很大，因此村落选址的时候，就要选择比较有利的小气候。相传为金丞相兀钦仄注的《青乌先生葬经》说，理想的居住环境应该是“草木郁茂，吉气相随……或本来空缺通风，今有草木郁茂，遮其不足，不觉空缺。故生气自然，草木充塞，又自人为”。说的是好的小气候有利于草木生长，草木生长又能改善小气候，当然更有利于农业生产和居民的日常生活。

鹤阳村的始祖谢氏诜五五公，从郡城迁来楠溪江塘下村，有一天“雪后登山，望见兰台山前积雪先融，遂定居焉，后果繁昌”（《鹤阳谢氏宗谱》）。鹤阳村位在一个被腰带水紧紧从三面抱住的向阳山坡上，前有“鹤溪漾碧”，后有“锦屏叠翠”，土地高燥，光照充足，所以“积雪先融”。这样的地段堪舆家称为有“旺气”。宋代王洙所撰的《地理新书》里说：“三阳照处吉。旦为朝阳，午为正阳，西为夕阳，故曰三阳。”由于山高沟深，鹤阳村附近能有三阳照耀的地方极少，所以鹤阳的兰台山前就成了风水宝地。渠口村的发展也是适应了当地的小气候，村子的东、西、北三面有山环抱，挡住冬季的寒风。南面不远处有一座小山，比较低矮，在东南和西南形成两个豁口。一到夏季，季候风沿楠溪江干流北上，一部分到坦下村顺小楠溪河谷折向西北，正好吹进渠口村的东南豁口。所以渠口村向西发展，迎着季候风，而在东部植林，因为这位置吹不到季候风，却正迎着西晒太阳的炙烤。隔小楠溪江相对的坦下村和塘湾村，相距不远，一朝西南而一朝东北，朝西南的坦下村固然有着三阳高照，朝东北的塘湾村，则因为在漫长而燠热的夏季可以有季风，也补偿了阳光不足的缺憾。

村落选址的第五个重要考虑是风景优美。这一点与风水的关系格外密切。大凡山水佳丽之地，风水师必定可以穿凿附会，把它圆说为吉壤。溪口戴氏大宗的门联有一副写的是："水秀山明常出仁智；地灵人杰永传声名。"所谓的好山水就是好风水，好风水就出好子弟。

楠溪江本来就以风景优美著称，几乎处处都有好景致。从谢灵运、陶弘景以来，楠溪江人的环境意识很强，山水情怀成为地方的文化传统。宋、明两朝，楠溪江中游许多村落文风极盛，受过较高文化教养的乡村士绅们，对自然之美有很敏锐的感受力，科名之余，他们流连于秀水明山之间，吟咏不辍。这种文化氛围，当然影响到他们对村落的选址。

例如一座芙蓉峰，有三块高耸峭拔的悬崖，下园村、芙蓉村、岩头村、溪南村都拿它做建村的地标、乡里风光的借景。《岩头金氏宗谱》记载岩头村始迁祖安福公（生宋淳祐庚戌，卒元延祐戊午）"始居梲溪西巷……延祐间来相芙蓉三岩之胜，遂居焉"。又例如塘湾，也是因为风景优美而被郑氏始迁祖选中的。《棠川郑氏宗谱·重修棠川郑氏宗谱序》记载，始迁祖"至其地，见夫奇峰突兀，怪石峥嵘，面临雷壁，背枕天岩。九峰围屏，共巽山而拱秀；双溪环带，合曲涧而流芬。福地琅嬛奚多让乎？"于是在这里建村定居，随后就是子孙们"簪缨鹊起，甲第蝉联"，得了风水的好处。

各个村落的宗谱里，都有非常夸饰的文字盛赞该村风景的奇特和秀美，字里行间洋溢着对乡里的浓烈感情。《蓬溪谢氏宗谱·同治甲子重修族谱序》描绘山川形胜道："楠溪形局，惟蓬川最奇。迎逆流四十余里，过堂潆洄荡漾，潴而后泄。守水口者，则有若狮、象、龟、鱼，突怒峭竖，险恶畏人。又有文笔峰撑寿星岩，镇屏山对列嬴屿。横临诸如观音坐莲、美女梳妆、鹰捕蛇、狮捉象。仰天湖、瀑布泉、将军、仙人、牛鼻、虎头、燕巢、鸡冠等胜，亦皆秀异可观。余足迹所及，历数之，未有过于此者也。宜禀其气以生者，富寿康强，文武具备……迄今螽斯蛰蛰，未始非地气使然。"

蓬溪村的风景确实不寻常。它位于一个袋形盆地的西侧，四面被姿态奇幻的峰峦包围。盆地东部，正中有一座孤立的小山，树木茂盛，叫作凤凰屿。一条小溪自南向北流，在凤凰屿南麓汇成一个两千平方米的湖，然后夺路在盆地北端唯一的缺口处，注入楠溪江的支流鹤盛溪。鹤盛溪从东来，再向北去，在缺口处急转弯，刚好把狭窄的缺口堵住。出入蓬溪唯一的路是溪西龙泉山峭壁上的一条栈道。村口也是水口，叫霞港头，有一座关帝庙，为了可以关锁水口和镇住反弓水。关帝庙前有浓荫蔽天的古樟树，庙北则有“船崖”，巨石累累从峭壁迤逦而下，直趋水中。崖上镌刻“钓台”两个字，旁边摩崖刻诗：“观鱼胜濠上，把钓超渭阳；严子如来此，定忘富春江。”

蓬溪村的村舍都朝向东，若按风水之说，盆地东部就成了村子的“明堂”，凤凰屿成了“案山”，湖就是“天心水”。凤凰屿南面临湖的岩壁上有“把钓”“索觞”两个摩崖石刻，[①]湖东有圆锥形的文笔峰，从村里望去，倒影正好映在湖中，因而湖被称为“墨沼”，与文笔峰形成了“文笔蘸墨”的风水，大有利于科甲。

鹤阳、豫章、塘湾、上烘头、岭下、花坛、埭头、水云、珠岸等村子，也都风景极好，而且各不相同。

村落选址的第六个重要考虑是风水。风水之说贯串在前面的各项考虑里，不过，它有时还有单独的作用。例如，形法派的堪舆家最推崇的一种环境模式是：背后有依托（祖山、少祖山），左右山势均衡（左辅、右弼），前景开阔（明堂）且有屏障（案山、朝山）。由于楠溪江河谷地势局促，地貌复杂，符合这种模式的环境并不多，不过也并非没有，渠口村就是一个例子。

渠口村北靠霁山为祖山，东西以雷峰和凤山为辅弼，南面平展而有一座不大的虎屿山作为案山，虎屿山之南隔小楠溪有屏风形的前山为朝山。《渠川叶氏宗谱》里说，始迁祖叶恩在北宋末年方腊起义时，为寻找参与起义的弟弟叶惠而来到这地方，“夜梦白发老叟言曰：汝欲来此

① 据宗谱说，这两处石刻和船崖的石刻都是朱熹题的字，不可靠。湖今已淤成水田。

地乎？前有莲花一枝，应与汝焉”。次日见到虎屿山与前山之间溪水潆洄，“其形若倒地莲花，遂挈家居焉”，于是就建立了渠口村。村中叶氏大宗祠里有一副楹联：“应梦赐莲花，看一枝倒地垂形，一姓雅宜君子爱；响卜详品字，象三口因文会意，三乡衍族丁口昌。”说的就是始迁祖当年选址时候的故事。

岩头村在双浚头从五澪溪引水，但村子却建在双浚头之南一公里余处。这是因为双浚头东西有山，气势局促，没有宽阔的“明堂”和均衡的左右“护砂”。而建村的位置，西有琴山作祖山，东有大片的开阔地，远处有朝山，近处有龟蛇二山作为阙。左右的护砂起伏逶迤，气局宏大。村民们相信，祖先选择了这个大开大合的风水，对村子的繁荣有很大的关系。《岩头金氏宗谱·重修族谱叙》里就写道：“夫东瓯素称小邹鲁，其山川人物之盛为东南最，金氏尤甲于楠之两溪。向非厥祖之陟巘降原，观泉景日，又奚能庐旅处处爰众夏有如是耶！”①

水系

村落的选址决定之后，规划与建设的起点就是兴修水系。水是农业生产的命脉，在农业社会里，兴水利、除水害是第一等的大事。所以治水的禹被人们尊为掌水的大帝，与掌天的尧、掌地的舜，合称为“三官大帝”。在楠溪江，田间村头最多的就是三官庙。自古以来，治水也是地方官的首要任务之一，北宋王安石倡导的新政，就有一条“起堤堰，决陂塘，为水陆之利”，因为水是村庄赖以生存的命脉。居民饮食要水，洗涤要水，农产品加工和家庭手工业要水，救援火灾也要水；水又是改善小气候、美化环境的必要因素。因此，和其他各地一样，楠溪江各村落的宗族组织和乡贤士绅，都把主持和资助水利建设当作一件经常性的事业来做。

农田水系和村落水系通常是统一规划的。对村落来说，水系的功能之一是供水，把水引进村子里，尽可能方便家家户户日常使用；二是

① 疑末句有讹夺。

苍坡村水月亭（李玉祥 摄）

排水，把生活污水、雨水和山洪导出村外。供水和排水都靠自流，所以沟渠系统就成了村落规划的先决因素，决定了村落的竖向设计，也就是决定了每幢房屋的相对标高；同时，它也迫使村落必须有一定程度的规划。楠溪江流域夏季多暴雨，雨过之后村子中不会积水，就是因为建设了合理的沟渠系统。芙蓉村的北部，内外两道寨墙之间，过去虽然有过几幢大宅被毁于对岩头村的械斗，但大部分并没有造过房屋，然而却已有整齐的石子路和沟渠。它们证明了村子的建设是先修筑道路和沟渠，然后才在它们界画出来的地块里造房子的。

楠溪江中游村落的水系大致有两大类，一类是平川地的，一类是山坡地的。此外还有两类混合的和少数很特殊的。

苍坡、芙蓉、岩头这些平地上的村落，街道、水系与农田相似。方整的街道网把村子大体均匀地界画成若干地块，沟渠沿主要街道流经全村。在农田里为种庄稼的地块，在村子里则建造房屋，《大若岩志》说水云村的农田“道路修整，沟塍画然”。北宋永嘉太守杨蟠则在一首咏永嘉的诗里说：“水如棋局分街陌，山似屏帏绕画楼。”村民们熟悉农田，把农田的道路、沟塍系统移植到村落规划来，是很自然的事，因为二者的给水、排水原则上是一致的。

风水师则在水渠的流向上有讲究，如苍坡、岩头和芙蓉三村，水渠都从西北进村，除芙蓉村的从正东出村外，另两村的都从东南出村。堪舆家认为“凡地西北高东南下水流出辰巳间吉”（宋王洙《地理新书》），这三村的选址和相应的沟渠规划基本上是合乎这个吉祥的地形的。芙蓉村主渠出东门前，沿“演乐台”南侧曲折，这是为了避免“去水无情”，而要它多情地滞留一下。村民把这曲折叫“锁”，以锁住风和气。

沟渠傍主要街道的一侧湍流，宽度大小不等。最宽的是岩头村浚水街的水渠，有2.7米左右；最窄的是芙蓉村如意街南侧的水渠，只略宽于半米；苍坡村的笔街南侧水渠，宽约1米。因为村子里绝大多数的房屋朝同一个方向，所以水渠通常流经房屋的后门或侧门，若是在有门口的地方则架上石板以利通行。

水渠边上隔不远便有一两步石级，也有横跨水渠的石板，用来供妇女们洗涤时当搓板用，或者放置桶、盆和衣物。沿着长街短巷，年轻的妇女们蹲踞在清清的沟渠边浣洗，孩子们绕着鹅兜嬉戏，乖巧的小姑娘也会拿一块帕子，学妈妈的样子在石板上揉搓。潺潺水声应和着笑语声在街上回荡，柔和温暖的生活气息漫溢在整个村落。只有在这样的村落里，才有“秋风催木叶，万户捣衣声”的诗境。

由于水渠同时也排泄各家的生活污水和雨水，所以并不很清洁。不过，以前有些村子有村规，保护渠水一定的清洁度。例如岩头村规定每年清理一次渠道；每天日出之前不许洗衣洗菜，让各家把澄清了一夜的水打回家去作饮食用水；渠内不许放鹅鸭，不许洗沾有粪便的衣物，等等。[①]虽然有这些规定，有些村子的村民们饮食用水仍多汲自水井。苍坡村水井比较多，至少有13口。

许多村子里都有池塘，由水渠的水汇潴而成，除了供洗涤等日常用途之外，还更有防火的作用。由于水池比较开阔，在村子里造成空间的变化；又由于水池特有的美学质量，所以它们常常成为村子里重要的环境因素。池塘多，所以才有了南宋诗人“永嘉四灵”之一赵师秀的名句：“黄梅时节家家雨，青草池塘处处蛙。”芙蓉村中央主要街道如意街的南侧有芙蓉池，池中设一座芙蓉亭，远处的芙蓉峰正好在池里映出倒影。枫林镇的中心圣旨门对面有圣旨门池，也是长方形的，池中也造了一座亭子。渠口村的池塘比较大，在村前沿，西北岸边也有一座长方形的凉亭造在水中，这些水池和亭子都是村中最重要的休闲场所。有些水池成为公共园林的主要因素，例如溪口村、苍坡村和岩头村的水池，它们的面积都比较大。村中以水池为主体的休闲中心和广阔的公共园林，是楠溪江村落最有特色的景观之一。

塘湾、坦下、埭头、水云这些山坡上的村落，水系的规划与平地村子不大一样，它们的水系最重要的作用是宣泄山洪。主要的泄洪道大

---

① 近年村规松弛，禽畜不禁，渠水污染严重，有些水渠甚至淤塞了。

多是天然的冲沟，两岸以人工衬砌加固。村子的规划既要利用泄洪沟排水，又要防山洪的冲击。

山洪来也猛，去也疾，而且洪沟很深，所以不便日用。村子里一般不修沿街引水的水渠，街道上只有二三十厘米宽的排水沟，把雨水和污水送进洪沟。村民的用水一靠筑池塘汇蓄，如塘湾和埭头；二靠凿井或挖泉源池，如坦下和塘湾；三靠用毛竹当输水管从山上引泉水到家，如水云、埭头、塘湾等村子。蓬溪村附近的山比较高、比较深，所以除了山洪之外，还有常年不断的溪水。蓬溪村的水系，因而也是复合式的，既有山洪冲沟，也有沿主街道的水渠，而且水量丰沛，水流湍急，比较清洁。

除了上面两种水系之外，还有少量特殊的水系。例如溪南村，它只有一条3至5米宽的水渠，弯弯曲曲，反复来回盘绕，村里的房屋就顺势造在这九曲十八弯的水渠两侧。村民日常用水靠这条水渠，街巷里只有大约30厘米宽的排水沟，把雨水和污水排入这条大渠。沿渠有石级、石板、石桥，供妇女洗涤或取水时使用。岸边多种树木，因而这道水渠在村子里形成一条宽阔的绿化带，大大美化了村子的生活环境和改善了小气候。另外在卢氏宗祠前面还有一口池塘，也倒映着芙蓉三峰。由于房屋造在弯曲的渠道两岸，所以朝向偏侧，各各不同。楠溪江中游盆地里的村子，房屋大多共朝一个方向，溪南村是个例外。不过它东部的规划比较晚，街巷修直，房舍整齐，与其他村落相似，居民用水靠南边的水渠。

另一个例子是西岸村，它造在一座小山的东坡，面临大楠溪而隔着一大片乱石滩。山小没有水源，江水远不便于日用，所以村子里只好开凿几口大口井。这些大口井的做法很特别，先挖一个面积很大的深坑，坑壁和坑底都用大块卵石衬砌，在坑的最低处才是水井。有长长的踏级通向坑底，由于坑的平面轮廓呈弯弯的长圆形，形若瓠瓜，因此这种水井就叫作瓠瓜井。不过，掘井而饮的汲水形态，对整个村子的规划布局并没有多大影响。

村落的布局与结构

布局结构是村落规划的一个基本内容。在自然经济条件下的楠溪江村落布局结构比较简单，有些还不过处在萌芽状态。大体说来，这些村落的布局结构包括边界范围、街巷网（格局、主次、建筑地段）、公共空间、功能分区和前面已经叙述过的水系。此外还有楠溪江中游村落很特殊的景观设计。

边界

楠溪江中游村落大多有明确的边界。除了自然物如山、水等可以界定范围之外，更重要的是寨墙、防洪堤、拦水坝等。边界是防御外敌用的，因而也是团结本村人用的。所以，寨墙以外没有零散的房屋，寨墙之内却有供发展之用的空地，如芙蓉村、花坛村和廊下村内的空地就很宽阔。

规划建设这样防御性很强的村落，需要村民之间有很强的内聚力。因此，楠溪江的村落都只能是排他的单姓血缘村落。有些村子，如蓬溪、水云、渠口、廊下等，早年原来是杂姓的，后来弱姓渐渐被强姓逼走，变成了单姓村。

由于边界确定，寨墙外不再建造房屋，所以，一旦人口增加到一定限度，就得有一些人另寻地方建立新村。旧姓大宗如芙蓉陈氏、花坛朱氏、渠口叶氏、鹤阳谢氏、西岸金氏等，都有房派分出去另建村落。这样分了又分，有些姓氏，如谢氏、陈氏，在楠溪江就有十几个村子。

经济最发达的岩头村情况很特殊。金姓族人都住在寨墙之内，还有些杂姓聚集在寨墙外的东北部，后来却在寨墙之外发展出楠溪江中游最繁荣的商业。而包围在寨墙之内的村子，则因商业活动受到封建宗法制度的轻视和限制，反而发展得很缓慢。

村落的范围大小相差很远。岩头村大约有18.5公顷，芙蓉村大约14.3公顷，苍坡村只有9.4公顷。决定村落大小的因素很复杂，其中有一个是耕地的多少。最大的村子在中游大盆地中央；小盆地的村子大于河谷里的村子；平地的村子大于山坡上的村子等。一般说来，年代比较早的村子小于年代比较晚的。以中游盆地为例，下园村（晚唐）、周宅村（五代）、苍坡村（五代）都不大，而最大的岩头村和枫林村的寨墙都建于明代。这种情况说明寨墙一旦建成，村子的规模就不再扩大了。

平地村落的边界轮廓大多比较规整，一般近于方形或略呈长方形，方位也比较正。贴近水边或靠山坡的村落，边界轮廓或顺江岸或依等高线而有呈带形的趋势，例如水云村。而位在特殊自然环境中的村落，则由环境的条件决定它们的形状，如坐落在圈椅形山坳里的坦下村和塘湾村。

作为村落边界的寨墙是用蛮石和大块卵石砌成的，高两米左右，平均厚度大约0.8米，很厚实封闭。每村只有一座大门，其余都是小门，村里村外的区别很强烈。

在自然经济条件下，开闭寨门主要为了方便农业生产。例如芙蓉村，朝大路的东面最长（约四百米），只有一个门；朝主要农田的西面最短（约三百米），却有三个门。苍坡村的情况也是这样，南面朝向大路，只开一个门，其他朝向农田各面有两三个门。朝向大路的门是正门，乡人称为“溪门”，很重视其造型。芙蓉村的溪门是一座三开间的两层楼阁式建筑物，苍坡村的溪门则是牌楼式的，斗栱壮硕而华丽，艺术水平很高。在多数村落，这座称为溪门的正门就是村里主要街道的起点，而且和大宗祠等共同组成村子的礼制中心。

街巷网

楠溪江中游的村落，凡地势平坦的，如苍坡、芙蓉、岩头等，街巷网方正整齐，成直角相交，但大多数是丁字路口，十字路口极少。

这种界画方式与农田十分相似。甚至地形并不十分平坦的村子如蓬溪、西岸等，街巷网也力求方正。一般说来，这些村落的街巷大致分为三级，主次分明。

每村都有一条主要大街，笔直贯穿全村，如苍坡的笔街、芙蓉的如意街、岩头的进士街（今名金苍路）。[1]溪口村、花坛村、蓬溪村、西岸村、枫林镇等，主街也都长而且直，贯穿全村。与主街垂直的几条街是次街，次街之间由更小一级的巷子连接。苍坡村中心有横街。岩头村的次街如浚水街、中央街、桂花街和花前街与主街平行，而由贯穿村中央的横街连接它们。主街次街和巷子的宽度、地面的铺砌及功能都有所不同。[2]

大多数村落，主街的走向与村子的总朝向相垂直。如岩头村，房子都朝东，进士街南北走；苍坡村，房子都朝南，笔街东西走等。只有芙蓉村，如意街与房子都朝东。这大约与风水有关，例如苍坡村的笔街对着西面的笔架山，岩头村的祖山朝东。

主街的起点往往是村子最重要的礼制中心，这个礼制中心通常包括溪门和大宗祠。如岩头村进士街的北端为仁道门和金氏大宗，芙蓉村如意街的东端是溪门和陈氏大宗，花坛村主街的西端是溪山第一门和朱氏大宗，渠口村主街的东端是叶氏大宗等。然而苍坡村笔街的东端是李氏大宗，溪门却在大宗的南侧，这倒是个例外，不过溪门仍然与大宗一起组成礼制中心。这些大宗的主轴大多与主街平行，而不一定与全村的住宅同朝向，大约是为了与主街一起顺从风水。少数村子的大宗祠与主街相垂直，如溪口的戴氏大宗和西岸的金氏大宗，但两者都不贴临主街。

村子里的重要建筑物和休闲中心一般也在主街上。如芙蓉村如意街中段有芙蓉池和芙蓉亭组成的休闲中心，池旁有芙蓉书院等；枫林镇的主街中段有圣旨门、圣旨门湖和湖中凉亭形成的建筑群，主街因而被称为圣旨门街。花坛村的主街很特殊，它在寨墙所包围的范围的正中，自西而东，把这范围划分成大致相等的两半。北半是建成区，南半是水田，是预留的发展区，因此主街成了建成区的南立面。在这条街上有大

---

① 芙蓉如意街在抗元被焚后重建时没有贯通西部，岩头进士街在道光元年被焚后重建时没有贯通南部。

② 村子里大多数街巷没有名字，有些村连主街都没有名字。

宗祠、宪台祠和敦睦祠，有溪山第一门，五座以上的牌楼，还有三座三官庙，一在西端，一在东端，另一座在中段。它的景观很丰富，有层次，有变化，作为建成区的立面是很壮观的。

次要街道都为居住区服务。以岩头和芙蓉两村为例，次要街道之间的间距大致在50至60米左右。街道呈南北走向，而住宅却一律朝东。50米的间距正是三进两院住宅的总进深，60米的则可以有一所后花园。次街的西侧是住宅的前门，东侧是后墙，贴后墙流着水渠。苍坡的次街是南北走向，但住宅一律朝南；次街40米的间隔还大于一般七开间住宅的总面积，因而有余地造厕所和猪圈之类，或者种些树木。次街两侧除了少数住宅的正门外，大多是不高的院墙，墙头树木成荫，景观很富画意。苍坡村住宅的正门少数开在主街的北侧，或次街之间的横街上；多数开在次街上，以厢房的南端尽间为大门门屋，从侧面进住宅。各村三进两院的住宅往往并不由一家独用，因此在后院侧向开一个门。

楠溪江中游村落的街道，比其他地区的村落要宽得多。苍坡村的主街笔街，连水渠宽达4.85米，次街宽度也在2米以上，有达到3米的。芙蓉村的主街如意街，连水渠宽达3.5米，次街宽度也将近3米。岩头村的街道最宽，而且次街与主街宽度也大致相当。如浚水街，连水渠竟宽7.2米，较窄的花前街也有5.5米宽，与主街进士街相近。街巷宽阔，建筑密度低（芙蓉村23.1%，苍坡村34%），绿化用地多（芙蓉村17%，苍坡村13.8%），[①]所以街景很开敞。此外，街道两侧围墙高度在2米左右，屋檐高度在3米左右；住宅山墙是悬山式的，木构架裸露，又往往退后于围墙，掩映于竹树之中；街上又不时有小小的空场，安置着石板凳，明朗、光亮的视野中笼罩着一层祥和的气息，教人感觉乡里的亲切和安宁。冬阳下或晚风里，街边水渠旁石条上坐着劳累了一天的人们，款款谈着天南地北的古事旧闻和眼前的水旱丰歉，交流着心底的喜悦或者忧虑。街巷成了公共活动空间，可培养乡邻乡亲的情谊。

---

① 同济大学建筑城市规划学院于1989年调查。

这种街巷景象，与阴暗、狭窄、曲折且被挤压在高高的、封闭的马头墙之间的街巷景象完全异趣，也就使楠溪江的村落景象与南方许多地区大不相同。这种景象反映了楠溪江村落独特的文化历史背景和人文精神。它像老农那样坦诚朴实，又像文士那样儒雅灵秀。

山坡地的村落受到地形的限制，不能像平地上的那样方整，街巷也不能那样平直。一般情况是主街和比较大的次街沿着等高线伸展，它们之间用带有台阶或斜坡的小街连接起来。如水云村有三条街沿等高线由东北走向西南，塘湾村则有三条街由西北走向东南。塘湾村的这三条街也是笔直的，只有最高处后街的南半部向西偏斜一点。这三条街都相当宽，中街铺砌部分的宽度就有2.2米，后街更宽。蓬溪村甚至有一条40米长、6米宽的状元街，传说是宋度宗咸淳乙丑年（1265）进士李时靖登科后造的。这些村落的街道上也有作为交谊场所的公共空间，如水云村有个小空场叫“石头蛋”，塘湾村有一个叫“上马石”的小空场。

功能分区

楠溪江中游村落的布局虽然简单，功能分区还在萌芽状态，却也有大致的模式。例如全村公有的庙宇一般都在“水门”或者“水口”。岩头村的三圣庙、娘娘庙和太阴宫集中在村北一公里外的双浚头，那儿是水门；而塔湖庙又位于两个水口之一。塘湾村的山隍庙和蓬溪村的关帝庙都在水口。①大宗祠和旌表性建筑一般都在溪门附近。商店出现于过境交通所经之处，或者在村落主街的街口上。

在岩头村的浚水街、中央街、桂花街和花前街上，曾各有过连肩七座很堂皇的三进两院式大宅。②因此，可以判断出岩头村的西半部从前是富户区。同治元年，因枫林镇人告发岩头人勾通太平天国，于是清兵烧毁了岩头村许多房屋，西半部这一区完全被焚。现在，浚水街上还可以清晰地辨识相邻的六座大宅遗址，中轴间距为48.3米；其他三条街上

① 上游的村落，如白岩、潘坑、佳溪、岩龙等，水口也必有庙一二座，并有桥。

② 岩头村老人协会七十三岁金可攀先生说。

还能各见到一二座遗址。不过，遗址上都已经建起了小型住宅。

楠溪江村落最重要的特点之一，是在村落里有几种不同功能的公共活动空间。比较重要的有礼制中心、休闲中心和公园，有些供水较集中的地方则是妇女聚会的中心。礼制中心的主体是大宗祠，加上溪门、旌表性纪念建筑和小广场。构图比较完整的，是芙蓉村溪门里以陈氏大宗祠为主的空间与建筑群，不过它们没有旌表性建筑。有些村的大宗祠不近溪门，不靠主街，但也与小广场和一些小品建筑形成礼制中心，如港头、周宅、坦下、塘湾等村落。礼制中心比较严肃，而且偏于一侧，所以平日不常有人。但因为大宗祠往往又有主要戏台，在特别的日子里成为全村的娱乐中心，所以它也会有一些生活气息。礼制中心是血缘村落最重要的建筑群，是宗族的象征。大宗祠告诉村民们，他们的脉管里流着同样的血，要彼此相敬相爱如父老兄弟。贞节牌坊和进士牌楼之类，则提醒村民们珍惜家族的荣誉和尊严。它们同时也显示着族权的强大。

休闲中心有两类。一类是由街道交会、曲折或其他原因形成的小空场，贴墙根架上几条石板或者放上几枚石礅，冬午有暖阳，夏夜有凉风，四季都会聚集着一些男子汉，尤其是老年人。每天来此闲坐的人大多是常客，家住得不远。连卖鲜肉的小贩也都来这儿歇脚，放下竹筐箩，吹起牛角号，呜呜的来招呼主妇们。属于这类偶然形成的休闲中心的，有水云村的石头蛋和塘湾村的上马石。石头蛋在一个丁字路口，路口略呈喇叭形，把3米宽的街道空间扩大为6.5米。路南就是村边，可直望到溪流和远山，更使广场显得空阔。沿边放了成排的天然圆形石凳，所以叫石头蛋。上马石在塘湾村中心，即后街的中段，也是一个丁字路口，大约有60平方米。这里原来立着石牌坊，牌坊倒坍之后，留下残柱脚和牌坊前两块石头。日长月久，村人不知道牌坊，却因旧日牌坊所对的一段街被附会为状元街，旁边的一幢房子被附会为南宋进士郑伯熊的住宅，所以，这几块残柱脚就被附会为上马石。这种小中心没有经过规划设计，面貌的构成全由机缘，但是它们比较多，从而丰富了街道和村落的空间变化。对村民来说，这类休闲中心的好处是近便和随意。更重要的是，它们吸引人们把生活的一部分放在公共空间里进行，突破了住宅里家庭生活的私密性和封闭性，促进了人们的感情交流，有利于加强社区的凝聚力。

楠溪江中游的村落里，大多另有一个经过规划和设计的休闲中心，它相当宽阔、整齐，建筑艺术质量比较高，最著名的是芙蓉村的芙蓉池和芙蓉亭。它们在主街如意街的中段南侧，西邻芙蓉书院。芙蓉池东西长43米，南北宽13米。芙蓉亭在池中央偏东，是个两层楼阁式歇山顶的方亭，有4棵金柱、12棵檐柱，池子的南、北两岸都有石板桥通达亭子。池子四周有建筑物环列，边界十分明确肯定，因而空间完整、安定，气氛宁静而有向心力，容易使处身其中的人有一种亲和感。在池南，南北向的中央街对着亭子而稍偏，正好看见翻飞的翼角，这是一种最佳的对景设计。池北也有一条南北向的路，正对着亭子，所见景象就呆板多了。若从如意街上欣赏清亮的水池和玲珑的亭子，在三面粉墙的衬托下，画面很生动活泼。水亭周边设美人靠，从早到晚都有老人闲坐聊天；池子的南北两岸设置石级和石板，给妇女们搓洗衣服，使这里时时刻刻都呈现着温暖的生活场景。

枫林镇的休闲中心是圣旨门、圣旨门湖和湖中央的水亭所组成的建筑群，格局与芙蓉池很相似，不过景观与芙蓉池不同。圣旨门是明代成化年间宪宗皇帝为旌表徐尹沛三兄弟的友爱而赐建的，名叫“尚义之门”。门在主街圣旨门街北侧，湖在街南，两者隔街相对，相距13米。湖东西长26.7米，南北宽7米，周边有树木。水亭偏于西侧，长4米，宽2.4米。两层、三开间、歇山顶的圣旨门和池边一小块照壁，使画面比芙蓉池复杂一些，门前地面上有一方卵石镶嵌的美丽图案。这个建筑群是枫林镇的十景之一，叫“瑶亭御风”。溪口村则有一座“明文里门”，是供奉南宋戴蒙办东山书院时所得宋光宗御赐“明文”二字匾额的地方。门三开间，单层，悬山顶，跨丁字路口，也是村人们休闲的场所。蓬溪村谢氏是谢灵运的后裔，村中有座“康乐亭”，亭前有个梯形小空场，是五条村路的交会点，也是一个休闲中心。

这类经过规划设计的休闲中心，地位很重要。它们一般设在村子的中央，有观赏性很高的建筑物，甚至有不小的水池，造成村子里空间和景观的强烈变化，成为村子的趣味焦点。它们同时也具有礼乐教化的意义，如尚义门、明文门、康乐亭和芙蓉书院，都是旌表性的或者文教性的建筑物。休闲中心建立的本意并不只是为了给人一个闲聊家常的场所，而是为了更充分地发挥那些建筑物的教化作用。

除了礼制中心和休闲中心，楠溪江村落往往还有一些其他性质的建筑中心或综合性的中心。周宅村的中心是一个长方形的广场，东西长18米，南北宽12.5米，面积大约200平方米。它西端有一座土地庙，庙不大，形制却有些变化。广场前沿偏左立着一座小小的双柱门，宽度只有1.8米，但四层丁头栱层层挑出，形式不简单，风格很有力量。门前下台阶约一米便是沿村边的路。门柱上有楹联：“两柱门台垂古迹；六步阶级有遗风。”从双柱门到土地庙，穿广场，有一条2.2米宽、约20米长的路，用细卵石砌了“十八对莲花”的图案。双柱门下小广场（5.2×9.8米）地面，也有一方细卵石砌成的图案，题材是白鹤、花篮和一对茶花。这几片卵石镶嵌是周宅村的标识，村人见到眼生的人，上前打问，能说出这几片卵石镶嵌的就是自己人，说不出的就是可疑的闯入者。这个广场不是供休闲用的，而是村民聚会和宗教活动的场所。

在塘湾村中街西北端的“上桥头”是全村最重要的中心。这里有郑氏大宗祠、五桂祠和松房祠，是一个礼制中心，但又是商业中心和休闲中心，功能是综合的。上桥头的整个空间组织也很特殊，由大宗祠界画为两部分：一边硬，是广场；一边软，是水池。

所有的休闲中心都被男子占用，妇女们则忙于家务，没有时间休闲，因此她们的社交多在浣洗劳作中进行。池塘边和水渠边是妇女们活动的地方，但也有些村子有经过规划设计集中的洗涤场所。比较有特色的是苍坡村、下园村和西岸村的洗涤中心。

苍坡村的西池大而深，妇女洗涤时，尤其对年老的或者带小孩子的来说，十分不安全，因此在西池的西岸设了三个小小的浅水池供人使用。渠水从村西北引来，沿笔街南侧流到这里，先后经过三个浅水池再注入西池。为了保持一定程度的卫生，村中规定，第一个池洗食物，第二个洗衣服，第三个洗农具。浅水池的西侧又有一口井。

西岸村东部边缘有一条水渠，沿渠造了两个洗涤场。它们是矩形的，下沉式，三面砌成层层宽阔的阶台，尽管水位高低变化，都可以有适当的阶台便于洗涤。由于这洗涤场是个围合的空间，确实能够给浣洗妇女以亲和感，促进友谊的交流。在西岸村东北角的瓠瓜井附近就有一个这样的洗涤场，长14.2米，宽6.2米。这里有七棵直径在1米以上的苦槠树和樟树，树外是一层层的滩林，无边的浓绿。妇女们就在这样优美的环境里劳作。

风景同样优美而更有浑厚历史感的是下园村的洗涤中心。它在寨门之外，寨门是个石券门，两侧还有残石墙。门在坡上，一条石块路从门里伸出，渐渐下坡，一侧是石墙，从另一侧下一道高高的石坎就是这洗涤中心，有两个椭圆形石池子，还有一口泉眼井。这一片形式多变、高低起伏的石头造景，以雄壮的寨门寨墙为衬托，又整个笼罩在高大树木的浓荫之下，非常苍劲而有古意。

这些经过规划设计的洗涤中心，与村子里的池塘和水渠边的各种各样的洗涤设施一起，表现出楠溪江村落的建设者们细心地考虑日常生活的需要，且在当时可能的条件下认真地满足了这些需要。也正是这种对生活的关切和对人的体贴，使楠溪江村落洋溢着人情的美。

公共园林

楠溪江流域山奇水秀，处处风景如画。这样的天然环境培育了人们的山水情怀，激起了他们兴建更美好的环境的愿望。村落里的公共园林，凝聚着村民们对山川之美的一片痴情，这正是楠溪江中游村落最动人的特点之一。

目前保存得比较好的公共园林是岩头村的塔湖庙、丽水湖景区和埭头村的卧龙冈，俗称“大头”。水面还在而绿地已毁的有溪口村的荷塘和苍坡村的东、西池。依稀只存残迹的是岩头村的上花园、鹤阳村的兰台山和鹤盛村的风水山。蓬溪村的凤凰山与霞港头和西岸村的瓠瓜井区，也有很浓的园林趣味。

公园在村子里的位置，或者决定于自然条件，或者也有风水堪舆的考虑。岩头村的塔湖庙、丽水湖景区和苍坡村的东、西池，都是筑堤坝拦蓄由水渠引经村子的山水而形成的。它们皆位于村子的东南部，堪舆家认为“山起西北，水归东南”是吉壤。如宋代王洙等撰的《地理新书》载：“西北高，东南下，水流出巽，为天地之势也。”塔湖庙、丽水湖景区有塔湖庙[①]，东、西池之间有仁济庙和太阴庙，这两处公园虽然处在村子范围之内，但却在渠水出村的地方，大约堪舆家把它们都看作水口了。不过，苍坡村的李氏大宗祠紧靠着太阴庙和仁济庙，并不顾堪舆家关于宗祠“切不可近神坛寺观”的告诫（《宅谱指要·宗祠》）。溪口村的公园也以水池为主体，位于村子的东北，水渠进入村子的地方，堪舆家称之为“天门”。

以上几块水面都很大。如苍坡村的东、西池是整齐的长方形，东池南北长147米，东西宽19米；西池东西长80米，南北宽35米。两者之间还有水面连接，这片水面长28米，宽16米。在这片连接水面的北岸造了李氏大宗祠（初建于1055年，以后多次重建）、东侧的仁济庙（十世祖李伯钧于1180年辞官回乡后造）以及仁济庙北的太阴庙。仁济庙三面临水，都造了轻快的敞廊，廊子边缘是美人靠。连李氏大宗祠的南侧本来也是敞廊临水。[②]庙宇和宗祠的形制一般都是很保守的，呆板而且封闭，苍坡的李氏大宗祠和仁济庙却勇敢地突破了陈规旧习。可见楠溪江人是通脱的，并不拘泥于传统。加上楠溪江人对美的追求，为园林艺术的和谐统一，即使对大宗祠和庙宇这种重要到几乎神圣的建筑，也敢于出格创新。

东池的北端是“水月堂”，造在水中，以一座长两米多的小石板桥

① 即孝祐庙，供卢氏娘娘。

② 前些年改为小学校，向南扩展，取消了敞廊。1991年又改为民俗博物馆。

与西岸相接。这是一座三开间的房屋，悬山顶，两侧有廊，上覆披檐，与中间的悬山顶相组合，近似歇山顶。[1]前面有个小院子，有水池和石假山。院子三面有围墙，墙上作镂空的砖花。据光绪《永嘉县志·杂志·遗闻》载，宋徽宗时，李氏八世祖李邗（霞溪）任迪功郎（一说忠翊郎），因兄长成忠郎李邦（锦溪）随童贯征辽阵亡（1120），痛而退隐故里，“卜筑林塘扁湖之西，曰肖堂，湖之东，曰水月堂，寄兴觞咏，以终老焉”（康熙五十一年《苍坡李氏族谱·序》）。十二世李澹轩，曾从师名儒，但屡试不举，于宋宁宗嘉定丙寅（1223）重修水月堂，作为会友吟诗的地方。到清咸丰年间，三十三世李西坡，仿杭州湖心亭再次重建水月堂，而成为现状。李西坡是名医，著有《医林释义》。位于东池北端的水月堂使得这部分的构图很完整。在东池的南端偏东，与水月堂遥遥相对，有一座歇山顶的方形亭子，叫作“望兄亭”，这是李氏七世祖李嘉木于宋建炎二年（1128）造的，为怀念迁往一公里外方巷村的兄长李秋山。在这座亭子上，不但能欣赏东池的水光和仁济庙轻盈的侧影，而且可以眺望村外丰腴的农田以及远处方巷村口的“送弟阁”，那是李秋山在同时造的。

从东池之东转折而到西池之南，是蓄水的堤坝，高3米左右，宽达14米。堤上曾经是松柏成荫，还有柳树和各种观花植物。李西坡曾经在池的两岸种了许多名贵花木。这个总长300米左右的绿化带与两个大水池一起，构成了公园多变而美丽的景色。康熙五十一年《苍坡李氏族谱·序》说：“苍坡之地，始有夹岸花堤十六咏，亭台莲塘广数里，山明水秀。”[2]由此可见其风光佳丽，且当年东、西池里是种植荷花的。

据宗谱记载，东、西池的拦水堤坝是李氏九世祖李嵩在宋孝宗淳熙戊戌年（1178）建造的。但据记载望兄亭建于建炎二年，则堤上现存的不但不是原构，且已不在原址。堤上仁济庙前现有古柏三株，高可十几米，相传也是李嵩手栽的，已有八百多年的历史，鳞干虬枝，证明着堤

① 桐州村的一座路亭也用这种组合式的“歇山顶”。这种做法很有古意。

② 现存李霞溪的“东湖十六韵”很粗俗，不可靠。

坝的古老。[①]

溪口村的水池也很大，形状不规则，东西长97米，西窄东宽，最宽处大约215.5米。在最宽的东部，池中央有座亭子，由石板桥连接北岸。沿亭子向西又造了一个石矶。这个水池叫莲池或水亭塘，溪口村的十景有两景在这里，它们是“月台观荷”和“长湖秋月”。宗谱里有“南山十景诗”描写水心亭：“亭榭俯横塘，盈盈一水长，柳丝披拂处，惊起两鸳鸯。”可惜现在池周围已满是房屋，柳树和荷花早已没有，鸳鸯也不再来了，只有东北角的山坡上还有一小片树林。“合溪（溪口）十景诗”里“长湖秋月”写的是：“晓镜初升彻九垠，长湖秋色净无尘，水天浑合澄空碧，形影分明见本真。玉宇三千光编烛，琉璃数顷冷侵人，江楼此夕愁偏剧，知己遥遥莫问津。”所幸如今水池与水亭尚在，这样的景色还可以见到。[②]

埭头村的卧龙冈在村子中央的后部，略略向前凸出，背后便是大山。卧龙冈并不高，但形势极好，是村子的风水山。传金丞相兀钦仄注的《青鸟先生葬经》中说：“草木郁茂，吉气相随。”卧龙冈既是风水山，为了培育吉气，竹林古木都保养得很好，生气勃勃。明代人珍川朱阊轩写的“小源埭头十景诗”说它“卧龙盘处倍葱茏”，这景观至今依然。

在接近冈顶的地方，人工修整起一个平台，大约有209平方米。台中央一棵六人合抱的大樟树，覆盖了整个平台还有余。平台右侧有一道山洪冲沟，从平台下涵洞经过，然后曲折而下，陡峭峻急。一条石径，傍着冲沟，登上平台。平台上方还有一个神坛，有胸墙围绕。拾级经一个小小砖门楼进入神坛，见石香案后的神龛上有一副对联，写着：“陈八大王锡福多；段五大人惠埭川。”这陈八大王和段五大人就是受香火供奉的神。[③]这种人神其实不过是世俗的强人，所以他们的神坛并没有

① 李嵩死后，夫人梲溪刘氏继续建成了寨墙、溪门和笔街，并于寨墙外建水渠。

② 水亭于1990年以钢筋混凝土重建。

③ 村中已无人知道二“神”的来历，但香火仍旺。

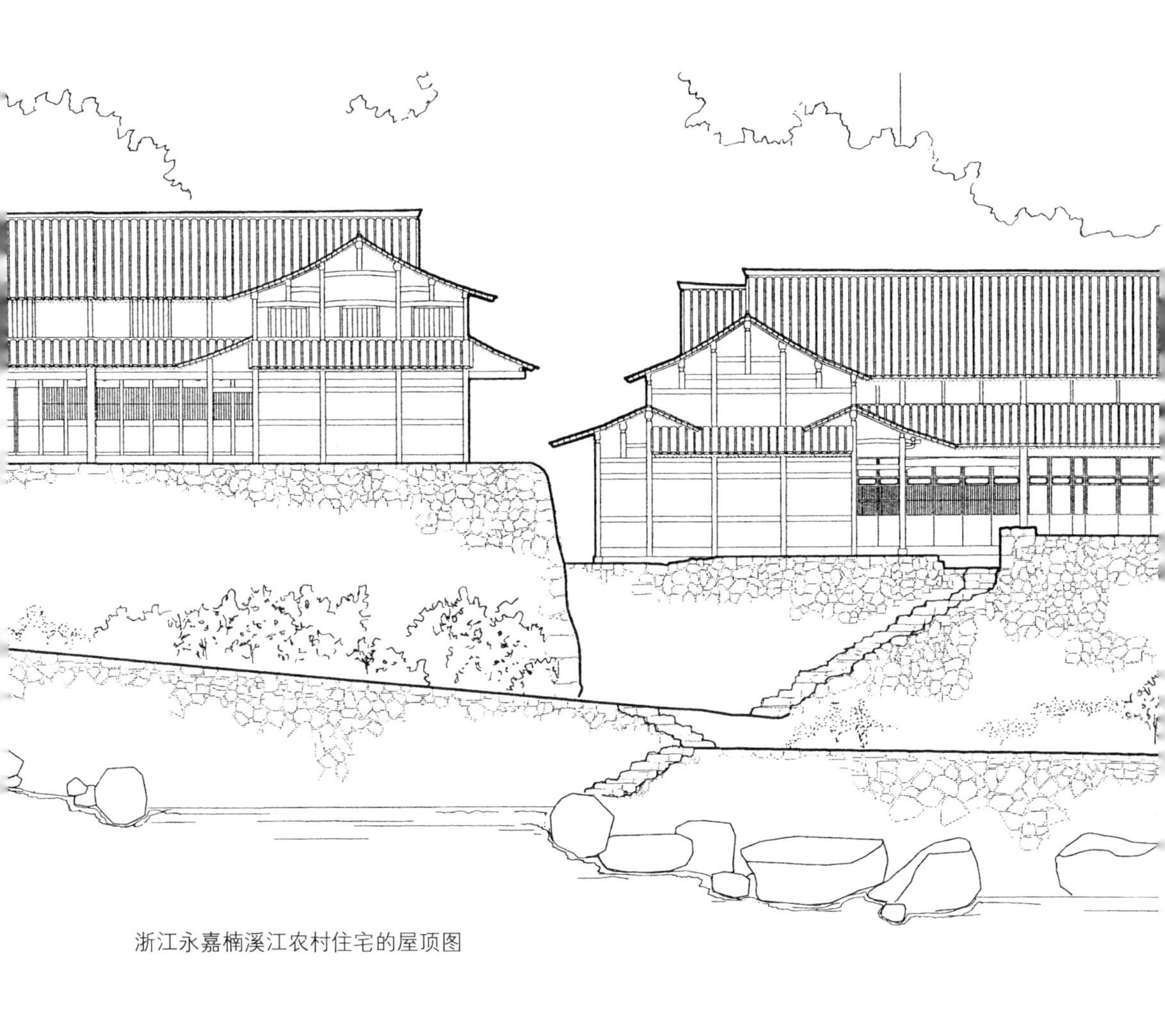

浙江永嘉楠溪江农村住宅的屋顶图

改变卧龙冈原有的清雅气氛。倒是神坛里又一棵大樟树，与平台上的那棵连成一片，以至在全村各处都能看到它们团团的、浓浓的、四季碧绿的树冠，仿佛笼罩了整个村落。神坛的小砖门挺然立在高台阶上，披一身青荫，衬着树隙里明亮的天空，给竹树掩映的卧龙冈添了几分精神。

有一条沿等高线的路横穿过平台，从平台又有两条山路上坡，两条山路下坡。它是一个道路枢纽，但近处没有房舍，很宁静，意境深沉，引来男女老幼在这里休息、嬉戏。卖鲜肉的挑子也每每到这里来，吹牛角的呜呜声穿透竹林传遍全村，仿佛也有雅趣。卧龙冈上的视野很开阔，正前方对着的是卓笔峰，左右环列着锦屏山和九嶂山，都在埭头村的十景之中。

村子立面

楠溪江中游有一些村子的规划建设，还精心推敲了村子的主要立面，这在各地的乡村中是少见的，显示出楠溪江人很强的环境审美意识。

经过推敲的村子立面，至今还保存得很完好的，有苍坡村的南立面、岩头村的南立面和坦下村的朝向西南的整个正立面。与坦下村隔溪相望的塘湾村正立面已因修公路而拆毁；花坛村的南立面也被新住宅及商店遮住；东皋村和芙蓉村的溪门一带、廊下村的东北门左右，还有些局部残留。

苍坡村的主要立面，从寨门往东到望兄亭前寨墙东南角。这一段立面包括寨门正面、李氏大宗侧面、仁济庙正面和望兄亭，大约90米长。房屋高低进退，错落有致，加上古柏参天，造成形体和色泽等的大变化、大对比。大约3米高的石筑寨墙粗犷质重，一方面进一步增加了整个立面的变化和对比，一方面把上面轻盈的房屋和树木整个托住，联系成一体，使构图统一完整。寨门前的荷塘，更使景色妩媚活泼。西池的南堤本来也长满了参天的松柏，郁郁葱葱，田园风光更显得生气勃勃。

岩头村的南立面，由南门向西南一百多米，构图意匠与苍坡村的近似。塔湖庙、森秀轩、接官亭（花亭）、戏台等建筑物轮廓参差多变，再夹杂几棵浓荫蔽天的大槠树、樟树和柏树，景色也是非常丰富多变，而在下面又有高度平均约3.5米的一列寨墙托住。

坦下村的正立面就是它的全部寨墙，因为其余三面都由陡峭的山崖围绕。这道寨墙全长约一百米，有寨门、谯亭、小影壁与几幢住宅的正面、院门和山墙组成节奏跳动的轮廓，而且形体的变化幅度很大。这个立面背衬着圈椅式的一座岩石山，构图十分完整、匀称，富有画意。

东皋村的寨门面对鹤盛溪中的一条石矴。这石矴全长121米，有211

步，是楠溪江最长的石矴。从石矴渡过溪流，迎面是一个大块蛮石铺砌的斜坡，两侧有青青的树林，坡长约50米，坡顶就是一座木构的寨门。门很简单，异常轻巧，但两旁寨墙的石块长度竟有1米多的。门和墙的对比很有奇趣。左侧一棵姿态夭矫古拙的老松树，俯身轻抚着寨门，松针落满了它的瓦顶，茸茸的一层，发着暗红的颜色，柔和温暖。门外右侧有一座方形的路亭，歇山顶上有飞檐翼角，下有美人靠栏杆，玲珑剔透，衬着沉雄的石寨墙，又给景色添加了一个层次。它上下与寨门、矴步呼应，使村门前主要景观不松散零落，而且很有纵深。

花坛村的南立面原来是一条主要街道，它北面是建成区，南面是农田。这条街上集中了全村最重要的建筑物，有大宗祠、敦睦祠、宪台祠、溪山第一门、三座三官庙、几座旌表性和纪念性的牌楼等。

这些立面证明，楠溪江的古村落不但经过完整的规划，而且规划到了建筑环境的艺术质量。

风水堪舆

在村落规划的各个方面，都常常附会风水堪舆之说。堪舆风水无非是说自然的地形地物能决定人的命运，所谓"地吉人福，地凶人祸"，这是一种原始泛灵论的拜物教。宋代王洙等撰的《地理新书》说："地之有丘陵川泽，犹天之有日月星辰。地则有夷险，天则有变动，皆有自然吉凶之符应乎人者也。其吉凶安所生哉？在其象而已矣！"

堪舆风水是一种迷信。不过，从它趋吉避凶的价值观里，倒也能够看出人们当时的理想、愿望和追求。楠溪江人有王、谢以来多少博学太守们倡导的文风作为历史传统，又受宋代科举制度发展的影响，所以总是把读书进仕当作最高的目标，形成所谓的耕读风气。他们在堪舆风水中表现出来的理想、愿望和追求，总是把科甲成就放在第一位。例如《珍川朱氏合族宗谱序传》里说到自然环境的效应："兹珍川之朱氏，夙称楠水之乌衣。山自东来，雁岩钟其灵秀；水由西去，瓯江接其澄泓。飞凤天马呈其奇；金钟玉屏挺其异。皇矣十景，弘彼千英；五代肇基，万年卜宅。巍科显仕，珠贯蝉联；隐德鸿儒，星罗棋布。”

自然环境的效应如此，在做人工村落的规划时，就要更加着力造成有利于大发科甲的环境了。最常见的是在选址的时候，最好在东南方，也就是巽位，有圆锥形的山峰，作为文笔峰，如塘湾、豫章、蓬溪、埭头等村子。巽位有山而不高，就以人工培土，如岩头的汤山。若还不够高，则在上面造文峰塔来增加高度，如岩头的汤山和塘湾的巽吉山。有了文笔峰，就要有墨沼或者砚池，除了蓬溪的以外，大多是人工开挖的，必须使文笔峰能够倒映在池里，如豫章村口的墨沼。埭头村在山坡上，很局促，也挖了一个墨沼。岩头村则以水亭祠里的水池为墨沼。

另一种较复杂的就是在规划里造“七星八斗”，岩头村和芙蓉村都有这种构思。芙蓉村的星是丁字路口一方高出大约5至10厘米的卵石铺地，斗是水池。岩头村的星是街头路口一方图案华丽的卵石铺地，如浚水街南段一幢旧三进大宅的门前和横街与进士街（金苍路）的接头处。星则是小高地，双浚头有一个，南门乘风亭址也是一个。①七、八或许仅仅是一个虚设的数，七星八斗则意味着村落里将会不断产生数量可观的杰出文才。

还有一种风水规划，就是规划象征性的文房四宝，例如苍坡村和岩头村。苍坡村西有笔架山，村子的主街名为笔街，长约330米，由东向西，直对笔架山。西池又名为砚池。池北侧有两块长约4.5米的大石条，截面为50×30厘米，这就是墨。纸就是方方正正的村子。岩头村以文峰塔为笔，以琴屿为砚。塔湖庙里天井的水池是砚头的水槽，也以石条为墨，以村子为纸。另一种说法是戏台后间为墨，塔湖庙前空地为纸。

对科举功名的热烈向往已深入楠溪江人的心中。这种向往推动了义塾、书院、文昌阁等文教建筑的建设，加上其他方面的条件和努力，才使楠溪江成了小邹鲁。这些文教建筑的位置当然也都有风水的考虑。

---

① 两村都已无人能确指“七星八斗”，芙蓉村人连星是什么都有歧说。

风水规划中除了考虑山、水和村落本身之外，还要考虑到树木之类。阴阳师说它们也会影响到村民们的命运。例如塘湾村新宫坳的一棵大樟树被人滥樵乱伐，由宗祠出钱买为公产加以保护："自兹以往，行见绿阴匝地，翠盖遮天。凤凰巢其上，翡翠宿其间，心贞节劲，偕松竹以亭亭；色秀姿清，共柳梅而郁郁。有木如斯，蔚为盛瑞。异日精华流布，科甲蝉联；旺气发扬，财丁蜂聚。地之灵者人自杰，即卉木亦相与有荣矣！"（光绪四年《棠川郑氏宗谱·新宫坳樟树记》）风水的效应，首要的还总是科甲。

自然经济条件下靠天吃饭的农民，对自己的命运毫无把握的能力，因此不得不向一切想象中可能关系到自己吉凶祸福的东西祈求。对宗族整体来说，子弟的科甲成就是最高的理想。农事艰辛，皮焦肉枯，而摆脱这种困境的最佳办法就是通过科举之路。所以，风水堪舆的兴趣中心也就在为科名的旺发创造机会。总之，规划村落实际上就是规划村落的命运和发展道路。

村落规划两例

楠溪江中游村落的规划，村村不同，但大致可分为平地型和山坡型两类。平地型的可以岩头村为代表，山坡型的则以塘湾村为代表。

塘湾村

塘湾村的规划虽然可以作为山坡村落的代表，但它却有一个很大的特点，就是附近几乎没有耕地。塘湾村位于大、小楠溪的汇合处，却并不发展手工业和水运业。《棠川郑氏宗谱·览前舆图有感》中说："棠川之地，后有崇山峻岭，维石岩岩，前有两源九嶂，山溪环绕，生其地者莫不以山水所阻，憾其田少而人多，欲谋衣食且不给，奚暇治礼义哉！"由此可见塘湾村的自然条件是很严酷的。它三面环山，一面临江。光绪二十一年（1895），临江造了一道寨墙，两端接山，称作新城，使得塘湾村更加封闭。

村子初建于南宋。郑氏宗谱里有宋绍兴年间宁祖公为中街路和前街路铺砌石路面的记载。这两条路至今还在，对照记载和现状，宗谱所说的中街路为今后街，前街路为今中街，现在还有一条前街。它们都是沿等高线发展的，但又都是笔直的，互相平行，由西北走向东南。但后街有1/3的长度折而向南。这三条路是全村最重要的街道，从前街向后街，地势渐高，所以北端两条贯串它们的横路有台阶。南端也有一条路贯串它们，就在与这条路相交的路口，前街与中街相距43.1米，中街与后街又相距23.6米。铺砌的街面并不很宽，前街2.6米，中街2.2米，后街2.7米。但中街一侧有2.7米宽的泄洪沟，沟对岸为4米宽的绿化带。后街串联几个小广场，“上马石”最宽之处有8米多。而且，街两侧并不是临街房屋鳞次栉比，而是以院墙居多，高不过1.7至2米，墙头翠竹萧萧，橘柚累累，所以三条街的街景都很开敞。根据山形地势，塘湾村面向东北，后街与中街的房屋也都向东北。但中街与前街之间的房屋造得比较晚，都面向东南，可见向阳还是好朝向。前街之外的房屋造得更晚，位置和朝向都零乱，但因为靠近寨墙，所以还是朝东北的居多。这部分显然没有规划。

村子位于山坳陡坡，所以没有流量稳定的水源来供水，只有山洪骤发骤去。村里有冲沟两条，一条发源于西南的天岩，经屏峰岩，沿村子的南缘向东北。另一条发源于西北的和合峰，经碧泉涧进村，折向东南，傍中街路走向东南端与西南来的汇合，再一起向东，在村子的东南角出寨墙下名为外风桥的水关，再注入楠溪江。在傍中街路走的时候，冲沟的宽度大约是2.7米，深2.2米。与西南来的冲沟汇合后，迅速成为喇叭口形状，宽约10米，深有5米。

前街、中街和后街在南端都有桥跨过冲沟。中街的叫下栏桥，是石板桥；前街的叫外关桥，是一座跨度比较大的石拱桥。中街上还有一座上方桥和一座中道桥。这四道桥被称为三关四锁。从风水上说，冲沟直出村中央，是“陡泄明堂”，不吉。转过两次弯，破了凶煞，加上四把锁，就更能避免气的一泄无余了。把冲沟从西北引向东南，横穿全村，有利于村子的排水，但也同时符合风水的要求：“水流出巽，如天地之势也。”东南角是水口，造了一座山隍庙、一座路亭，与寨墙下的外风桥一起，来“掩映水口”“关锁内气”。

山洪来得急去得快，去后冲沟很深，不便于日常用水，也不利于救灭火灾和防旱灾，因此有必要挖池蓄水。据《棠川郑氏宗谱·池塘记》叙述：“（光绪）戊申之春，花朝三日，郑氏族众诸董事等议于村之西、南、北三隅各凿一池以庇风水。闻者踊跃，即为修畚埸、备锹锄，并力偕作。不数月而池成，但见滔滔文浪，青贮半湖；浩浩晴汶，光涵两岸。接林淑之鲜娱，披云烟之绰态。加之美号，锡之芳名：一曰澄观池，以为空水澄鲜，湛然如涌，尽足以供观眺之娱；一曰明鉴塘，夫鉴之为言镜也，水天一色，明彻如镜，故以为名；于此左旋，循北则又有洗砚沼焉。是沼也，清波泛泛，碧浪悠悠，有时砚彩鲜明。临流洗濯，而天香之熏染，湛露之涵濡，果何如奇赏乎？……引流灌水，池开三面，鼎峙一村。以之拯燎原，如毁之灾可淡；以之救旱暵，昭回之叹不惊。有备无患，孰谓此池为不亟之需哉？况乎渊泉既注，灵秀自钟。绵绵生之，瓜藉兹流荫；簌簌方有，榖足阜财源。且自此墨海澜翻，藜光烛照，将见文人学士辈寒窗旧忆，未忘磨铁之心；宝匣新开，顿豁生花之目。庶几乎传家诗书，礼承先泽；华国文章，学显后昆。信然，信然。”

这三口池塘，本来不过是为了日用和防灾，却被堪舆家夸张得关系到塘湾郑氏的子孙繁衍、财穀丰阜、科名风发、诗礼雍睦。与这工程大致同时的修筑堤坝寨墙，也附会了许多风水阐释。这大约是为了发动村人出工挖塘、筑墙，所以必须把效益说得多多的，大大的。现在这三口塘中的两口还在，[1]一在后街路南口桥边，一在中街路北端郑氏大宗祠的西北边。大约西南边的是澄观池，东南边的是明鉴塘，西北边的是洗砚沼。除了池塘之外，另有三口水井供饮食用水，其中

① 东南边的一口池塘，于1978年修公路时与寨墙同时失去。

一口已填死。

塘湾村也有十景，穿村冲沟的上游，村西北角的碧泉涧就是其中之一。有诗描写它："泠泠碧涧郑公乡，屈曲回旋泽孔长；岸茸漫夸书带秀，蘋蘩时荐水泉香。"现在碧泉涧左右满是树木竹丛，郁郁森森，非常幽深。碧泉涧到松房祠前，就被石拱覆盖成了涵洞，高约2.3米，宽约1.7米。这涵洞过了松房祠，折向东南在中街路地下走，到上方桥南侧又出而成为明沟，总长将近两百米。把这段冲沟做成涵洞，是为了在它的内侧形成塘湾村最大的公共中心。涵洞扩大了公共中心的面积，又使它与中街路连接，避免村子被冲沟切成两部分，从而保持塘湾村的统一感和整体感，也比较安全。

这个村的公共中心是综合性的，以礼制意义为主。位于中央的是郑氏大宗祠，它的轴线朝向东北，而在大门前原来有三对旗杆。大宗祠西侧是口大池塘，长25.4米，宽11.2米，可能是洗砚沼，以前在近大宗祠北角处有亭榭临水。沿沼的西岸往上坡走是松房祠，面朝东南，即朝向大宗祠。大宗祠的东侧是个小广场，长25米，宽12米。广场南北各有小商店数间，西南角上是五桂祠。在南侧小商店的背后，五桂祠与大宗祠之间又有一个小广场。前面小广场的东南端有石栏、石凳，凭栏可以俯瞰中街路，和旁边两米多深、将近3米宽的冲沟以及冲沟另一侧青葱的绿化带。这个小广场又起商业中心和休闲中心的作用。在未造涵洞之前，广场东南端原来是上方桥，所以这个广场得名为上方桥头。这里整天都有人闲坐聊天，除了小商店之外，卖鲜肉的和卖季节性商品如西瓜、柑橘等的小贩，也都来此歇脚。郑氏大宗祠演戏的时候，这广场就有聚散人群的作用。

另一侧的池塘和松房祠，景观很好，西北角是竹树掩映的碧泉涧，背后和合峰高耸入云，有雾必雨；东北角是卧龙冈，有"十景诗"之一描写它："江湖藏迹敛神奇，似此山阿意有之，万里风云归撒土，有时变化跃天池。"虽然松房祠前有一块不小的台地，左右景色宜人，但比较偏僻，平日没有什么人。在1930年代扩建大宗祠之前，它左右两个性格完全不同的开放空间之间是通畅的，从上方桥头可以看到水池边的亭榭。自从大宗祠向前扩建了大约5米之后，两个空间之间的联系便被阻隔了。

后街中段有一个丁字路口，原来有一座单间的石牌坊，叫太平坊，居全村的中心，现在已毁，残存石柱底脚一小段。石柱底脚以及前面的两块石头，乡民称为上马石。这个丁字路口就叫作上马石，是仅次于上方桥头的一个休闲中心，这四块石头和边缘的一些石块都是坐凳。每年正月初三，都要把新宫坳太阴宫的陈十四娘娘神像迎请到上马石来祭拜。所以平常日子，老妇人们爱聚在这里，这里也是楠溪江中游村落中少有的以妇女为主的休闲中心。

塘湾村的东南角、山隍庙背后是巽吉山，山上曾有过文峰塔，是楠溪江中游的两座文峰塔之一，可惜已经倒坍。东南为巽方，主文运，巽方有文笔峰或文峰塔，都有利于村人的科甲功名。

从宣统年间绘制的塘湾地图上看来，塘湾村和隔江相望的坦下村一样，寨墙的正面经过构图设计，亭阁参差，又有几座庙宇，从南到北为水口庙（应即为山隍庙）、静生祠、三官庙和松祠。寨门两个都是拱券的，南侧的叫“东惠门”，北侧的叫“通德门”。

岩头村

岩头村是楠溪江中游盆地最大的村子，位于盆地中央，东有楠溪江，北有五澌溪，西离丘陵不远。东面直到江边都是广阔的农田，南面与芙蓉村为邻，相距不过千米。沃野千顷，沟渠纵横，农产十分丰饶。由于乐清去缙云和仙居的道路从岩头村通过，所以为该村带来了商业利益。

岩头建村约从南宋初年开始。[①]建村之后，第一件重大的建设就是兴修水利。《岩头金氏宗谱》记载二世祖日新公（?至1348，按：宗谱载

① 《岩头金氏宗谱》中关于建村的记述有多种说法，并未探讨其真伪。如以始迁祖为刘进之（1095至1166），则建于南宋初年。

生年为元中统丙子，但中统无丙子）筑水渠的事："时厥土苦于旱潦，频岁不登，府君相地宜，顺水性，浚两渠于渍头之南，达泉下灌，常获丰稔，两都农业，迄今赖之。"这两条渠是岩头村的命脉，不但满足了生产需要，也满足了生活需要，现在还是岩头村的依靠。

以后的重大建设在明代嘉靖年间。这时候有两位重要人物，一位是嘉靖乙丑科进士金昭霞峰公，一位是屡试不第的桂林公（1494至1569）。霞峰公曾任大理寺左寺右寺副，迁瑞州知府，在岩头建造过大宗祠、进士牌楼和上花园、下花园。现在进士牌楼完好，大宗祠还存两进大厅和钟、鼓楼，上花园部分遗址依稀可辨，下花园则已完全湮没。

桂林公对岩头村建设的贡献最大。宗谱说："由始迁岩头以来，列祖非无建造，而兴利之多，功德之盛，应推府君为第一。"《桂林公行状》说他"屡试不中，转而习青囊，相宅卜地"，所以，他的建设除了现实的规划以外，还有风水的考虑。桂林公的建设也是先从完善水利开始的。宗谱记载："本族地址颇高，田苦旱涸，升四四公捐田废资，开凿长河一带，以备蓄泄，开筑高埄，培闸风水，建亭造塔于其上，垂成，归之大宗，为通族公业。"这是嘉靖三十五年（1556）的事情。长河一带就是丽水湖，高埄就是村东、南的拦水堤坝，它拦住了穿村而来的渠水，形成丽水湖等湖泊。它们是抗旱的水库，同时也成了岩头村的公园，是整个楠溪江中游最美的公园。在这公园里，桂林公造了坝上的接官亭、汤山上的文峰塔、山前的塔湖庙（即孝祐庙）和庙右的书斋森秀轩。在汤山北侧他又造了一座规模很大的书院。书院以北，沿三条街，桂林公主持建造了一批三进两院大住宅。现在公园和里面的建筑物都还在，大住宅却都已被焚毁，但有不少遗迹仍然清晰可辨。

岩头村的正门是北门，叫"仁道门"，为纪念始迁祖刘进之乐善好施而造。门里大街西侧是金氏大宗祠，朝南。它前面是金霞峰的进士牌楼，朝东，贴着大街。与大宗祠隔街相对的是嘉庆戊辰年造的石质谢氏贞节坊。仁道门、大宗祠、贞节坊和进士牌楼形成了岩头村最重要的礼制中心，它集中表现了宗族的骄傲与荣誉。从这个礼制中心有一条大街笔直往南，贯穿全村，过去叫进士街。岩头村的东门叫“献义门”，有一条街叫“横街”，从献义门向西横过村子。横街的西段还有两条直街，靠西边的一条是浚水街，另一条则是中央街。这几条街是岩头村的大街，在它们之间有小巷，窄而且直，被称为“箭”。

在进士街[①]、中央街和浚水街，从南到北各有三进两院的大宅七座。各座中轴的间隔为48.3米左右，箭就是它们之间的夹道。各街之间相距55米左右，正好是大宅的总进深，大宅的前门在一条街，后门在相邻的另一条街。全村的住宅都朝东，所以，这几条街西侧都是大门，东侧都是后门，水渠则靠东侧。

桂林公主持建造的这一片大宅第，规划严整，气魄宏大，在村落的规划建设中几乎是绝无仅有的了。它们占了全村一半以上的面积，所以，它们每一幢显然都是数家合住的。这批大宅集中建造于村子西部，说明了岩头村在明代已经有了初步的分区思想。道光元年，枫林村人因争柴山与岩头人结仇，所以密告岩头人勾结“长毛”，清朝派兵进剿，烧毁了岩头村大部分房屋，这批大宅无一幸免。现在浚水街还可以看到六座大宅的遗迹，在中央街和桂花街（原进士街南段）可以看到一两座大宅遗址。[②]不过，遗址上已经造满了中小型的住宅，很零乱。因为这些住宅远不及大宅那样的进深，所以它们的出入布局都很随意。原来大宅中轴线现在成了巷子，阶条石、台阶和石板甬道还历历可见。

这几条大街的宽度都在5米以上。浚水街宽4.5米，东侧另有2.7米宽的水渠，渠水流量很大。

---

① 这条主街旧名门前街，后来叫进士街。现在的金苍路是它的北段，南段现在叫桂花街，两段之间被房子隔断。

② 在桂花街东侧的一条短街花前街上，也见到几处三进两院大宅的遗迹。

岩头村的水渠系统十分出色。它的起点在村北一公里余、五鹅溪畔的双浚头。五鹅溪里筑坝，稍稍提高水位。在溪底铺有孔洞的石板，使水漏进“地下水库”。从这地下水库引水穿过堤坝后，经明渠流到村西北角的上花园。在上花园分前浚、后浚。前浚顺北寨墙东流，进仁道门侧，然后傍进士街南流，陆续分汊到一些比较宽的小街供居民使用。后浚南流不远再度分汊，一支贴横街北侧向东流，一支沿浚水街东侧继续南流。向东的水渠，分分合合，大部分水经地下涵道出东门（献义门），可灌溉农田，到东面形成石亭湖、状元湖，再东流入楠溪江。小部分水经另一涵洞汇到丽水湖，也就是由东面的堤坝拦蓄起来，以备旱灾时灌溉农田用。顺浚水街南下的水渠，到汤山脚下折而向东，在汤山东北角又分为两支。一支入进宦湖，向东绕过琴屿，一部分水向北入丽水湖，一部分转而向西注入镇南湖。另一支先形成一个小小的智水湖，再向南，在塔湖庙后殿底下的涵洞流进庙南的右军池，然后一部分出堤坝浇灌农田，一部分经森秀轩下的涵洞向东北流入镇南湖。镇南湖和丽水湖也都有暗渠穿出堤坝，可泄水浇田。从双浚头到村东注入楠溪江，水渠的长度约十余公里（按：不计分支等）。沿途有八道涵洞、两个节制闸、三间水碓，形成进宦湖、镇南湖、丽水湖、石亭湖、状元湖等五个人工水库。这一套水系设计很巧妙，如右军池内用卵石堆了个分流坝，水量少的时候，全部水都出村浇田，水流大一点，就溢过分流坝流向镇南湖。智水湖与进宦湖之间的分流也是这样的。

岩头村的渠水水量充沛，流速比较大。浚水街的水渠竟有2.7米宽，形成很有特色的街景。水光闪闪，水声潺潺，浣衣妇女笑语盈盈。一到夏季，儿童们在渠里游泳，更使街道充满了欢乐。

智水湖、进宦湖和镇南湖在岩头村的南端，丽水湖在东侧，与镇南湖隔一道石板的丽水桥，它们都是嘉靖三十五年桂林公筑堤后形成的，是东南部公园区的主体。岩头村的南门正对着丽水桥，桥北侧镌刻着“明嘉靖戊午年（1558）仲秋吉旦金氏建”几个字。

丽水湖北起献义门，南止于丽水桥，长达三百米，最狭处十余米，最宽处二十余米，西接苇塘，浩渺一片。东边是长堤，因为湖中植荷，所以长堤又名荷埁，堤宽13米。丽水湖是岩头村“十八胜景”之一，长堤上有观景廊，廊上的楹联是：“萍风碧漾观鱼栏；柳浪翠泛闻莺廊。”丽水湖与长堤南端呈弧形，微微弯向西南。顺湖看去，远处正对芙蓉岩，近处则是轻盈地高高架起的丽水桥和桥东头遮天蔽日的大樟树。树下的台阶上，南门的北侧，是一座凉亭，叫乘风亭。亭上楹联之一是：“五月秋先到；一年春不归。”上联写的是风凉，下联写的是美景，所以整天休闲的人不断，又有义茶供应，人情与景色同美。

丽水桥的另一侧是镇南湖，呈矩形，长约67米，宽约9米。从丽水桥上望去，翠盖亭亭，隙中芙蓉三岩倒映如镜。王鹤龄“金山十景诗”里有“丽桥观荷”：“红蕖灼灼照清池，君子心情遗世姿；坐对嫣然如解语，乘风散步纳凉时。”镇南湖的另一端，是素净的三间森秀轩。

过丽水桥，左手隔渠就是琴屿。琴屿是个半岛，宽16.2米，在镇南湖和进宦湖之间。进宦湖也是矩形的，与镇南湖平行，面积稍大些，长80米，宽15.5米。这湖里不种菱荷，白羽悠悠，岸边浣衣女漾出一圈圈的涟漪，又是另一种景象。

琴屿上长满花木，郁郁勃勃。夏季紫薇盛开，一团团云蒸霞蔚。到了秋天，又有美艳的芙蓉花如楠溪江少女的笑靥，娇嫩的粉红色渐渐晕染玉一样的洁白。明人劳宜斋著的《瓯江逸志》里写“木芙蓉”：“温州芙蓉高与梧桐等，八月杪即放，九月特盛。遍地有之。登楼一望，但见红霞灿烂，亦奇观也。最妙者名醉芙蓉，晨起白色，午后淡红，晚则变为深红，殊堪赏玩。瓯江又名芙蓉江，盖谓此也。”芙蓉岩前芙蓉花，情景更加不同。

琴屿西南端是塔湖庙和庙门前的戏台。庙朝向东北，三进两院，面阔三间。门屋的门板可以拆卸，便于看戏。每年正月十五日起，塔湖庙有七天庙会，天天演戏。平日里，这庙可说就是个园林建筑。后殿楼上的大厅，向东南一面完全敞开，设美人靠，接纳田野四季秀色和芙蓉村的烟霭人家。塔湖庙的后进，左是智水湖，右是右军池。池的面积约60平方米。智水湖西南侧汤山山坡有个文昌阁，是乾隆庚申年（1740）造的。[①]右军池东北有森秀轩，也是嘉靖年间桂林公造的，是他的书斋。桂林公在《森秀轩记》里说："森秀轩者，孝祐庙之香积厨也，地居形胜，厄于筑室之陋，不得大观者已然一日（按：疑有讹夺）。己未夏，稍为更张，不独轩之面目顿开，觉山水之灵秀焕然毕露矣！"他整修这三间香积厨，不仅为读书，更是为了使这一片风景区更加完美。就在这简朴的书斋里，他过着高品位的文化生活，寄托着封建文人的闲情逸致。

森秀轩的东南侧就是拦水坝。坝的西南端抵汤山山麓，东北端在丽水桥接续长堤。在距丽水桥还有18米处，坝上造了一座接官亭，又叫花亭。亭是正方形的，重檐攒尖顶，两层檐密接，宝顶相当大，以致亭子风格很庄重。它对着丽水桥的一面是三开间，其余三面是单开间，形制很特别，所以有楹联："名师留奇迹；怪匠逗行人。"这一段坝上没有其他建筑物，接官亭的庄重和高大与环境很配称。亭侧有数人合抱的苦槠树、樟树和柏树，浓荫蔽日，与琴屿阳光下的紫薇、芙蓉形成生动的对照。花亭又是村中调解民间纠纷的场所，有一副楹联写的是："情理三巡酒；理情酒三巡。"意在息事宁人，劝人和睦相处。

塔湖庙背靠汤山。山不高，大约浚凿几个湖的时候，还曾经培过土，以利植树。山上有文峰塔，塔也不高，六角形，楼阁式，用灰白色大理石造的。1985年倒坍。[②]汤山在岩头村东南，即巽位，山上建文峰塔，据堪舆风水之见，大有利于科甲。

桂林公又在汤山之北造了一座书院，院里有水池，池中央有亭。这水池正好倒映文峰塔，在风水上叫作"文笔蘸墨"，可说是最好不过。"金山十景·水亭秋月"诗写道："绕栏银浪涌层霄，倒影苍茫映碧寥；烂醉不妨亭上卧，清光相伴到来朝。"可见这书院在很大程度上是

---

① 文昌阁1958年毁于台风。智水湖因文昌阁的缘故又名文院塘。

② 找到残石6块：基座一、平座一、塔身二、檐部二。基座边长42厘米。

园林的一部分。

岩头村的这一座园林，包括湖、岛、山、堤、桥、庙、阁、轩、塔、树木花草，内容丰富，景观多变化。岩头村的“金山十景”中有八景在这里，计有：长堤春晓、丽桥观荷、清沼观鱼、琴屿流莺、笔峰耸翠、水亭秋月、曲流环碧和塔湖印月（另两处：苍山积雪、南麓锦鹃，未能确知在何地）。几百年来，乡村文士们吟咏不辍。由吟咏中可见他们在这公园里散步、钓鱼、纳凉、赏花、听鸟，还要载酒行歌、流觞赋诗。正是这种散淡而潇洒的生活，被标榜为高洁文人最完美的理想与追求。

桂林公在《森秀轩记》里说：“今日之森秀，美矣丽矣，设不幸而不能发其秀、显其奇，则虽曲水也而乏流觞之咏，长堤也而无走马之欢。紫薇夹岸，自开自落，绿柳垂门，谁歌谁舞？菰米怨黑云之沉，莲房悲粉影之坠，求其如轩之少长咸集，论列品评，或高卧羲皇之枕，或沉醉阮籍之怀，敲诗煮茗，消溽暑于青荫，酌酒谈棋，披熏风于曲槛，明于斯，晦于斯，风雨流连而不息者，安可得乎！”

小小山村里科场失意的士绅，说的话与两千年前乐于跟学生到沂水之滨跳舞的孔夫子，与两百年后穿蓑衣、戴斗笠、乔装渔夫的乾隆皇帝一模一样。岩头村的这座园林，凝聚着中国文化的价值观，寄托着乡村文人们的山水情怀和耕读理想。乡村文士们的高品位文化生活，他们的理想爱好和追求，给了这个园林深刻、丰富的文化内涵。

建筑篇

居住建筑

兴建住宅是最基本的建筑活动，住宅的数量也远非任何其他建筑可比。因此，住宅是决定楠溪江村落面貌的最重要因素之一。《黄帝宅经》说："宅者，人之本。人以宅为家，居若安，即家代昌吉，若不安，即门族衰微。"所以家家户户都重视住宅的营造。虽然有祠堂、牌楼的巍峨，有戏台、庙宇的华丽，但楠溪江最有创造性的建筑却是住宅，它的形制比较多，形式也比较有变化。住宅的风格跟祠堂庙宇不同，它开敞而不封闭、亲切而不肃穆，用蛮石素木顺其天然而不事雕琢，绝大多数完整地呈现着个体。祠堂庙宇的模式化程度比较高，跟其他各地的相似，真正具有本乡本土特色而与他处不同的是住宅。住宅可说是最基本的乡土建筑，楠溪江各村落的居住建筑是楠溪江乡土建筑风格的代表。

历史的痕迹

按照惯例，宗谱不记载私家住宅情况。经过近40年来几度剧烈的社会变动，有关住宅的私人文件也已片纸不留。现在各住宅的住户，尤其是大型住宅，往往也不是故家旧主，对住宅的过去一无所知，所以想要

东皋村寨门

勾画楠溪江村落住宅的历史几乎是不可能的。

但不少村落里，都有一些古老的住宅，如花坛村马湾的几幢老宅，后院有一口井，井圈上刻的“大宋宝庆二年丙戌”（1226）几个字还隐约可辨，乡人都叫这几幢住宅为“宋宅”。被乡人认为是宋代遗构的，还有蓬溪村状元街东口南侧的李时靖宅和塘湾村上马石东北侧的郑伯熊宅等。①虽然现在还不能确证这些是宋代建筑，但它们确实很古老，这是可以从梁架尺度和门限的磨损程度来判断。明代的住宅更多，一些古村落里都有。一般说来，明代住宅的规模比较大，三进两院的不少，而且工程质量也比较考究，阶条石有用4至5米长的大石条，院子中央的甬道也铺着整齐的大石条。一直到清代初年，楠溪江各村还在造些规模大、质量考究的大住宅，如芙蓉村西北角的司马第，即造于康熙年间。再往下，住宅的规模小，形式比较自由，而且用料也随便多了，质量明显下降，反映出嘉靖年后永嘉县经济、文化的衰落。

---

① 李时靖：宋咸淳乙丑（1265）进士。郑伯熊：南宋理学家，绍兴进士。历官宗正少卿，以直龙图阁知宁国府卒，谥文肃。与弟伯英（隆兴进士）、伯海（绍兴进士）以振起伊洛之学为任。

花坛村的宋宅在马湾。一条小巷走向南北，在它的北端有三幢古老的住宅。一幢在西侧，长条形，单层，七开间，明间开间达8.3米。屋架是抬梁式与穿斗式的混合形式，很高大。前檐柱高3.2米，明柱高4.5米，脊柱高5.8米，进深11.2米。屋子的构件也很粗大，与常见的祠堂梁架相似，全部露明，明间减去了两棵明柱和两棵檐柱，分别改由两根粗大的枋子来支承本来应该由它们支承的两榀屋架，所以开间竟达到一般开间的两倍，使得内部空间变得很高旷。这幢房子四面都是板壁和木板装修，柱子之间有地栿，有上、中、下槛，它们之间装木板。窗子多是直棂窗，两侧有立颊，柱础则是木质的。

另外两幢古宅位于巷子东侧，一幢是五开间的长条形住宅，另一幢是一座四合院。从形制和前面的遗迹看，后者本来是一座三进两院的大宅子，现存的四合院是它的后半部，前院的厢房还有几间残存着，全毁的是门屋部分。整个住宅是两层的，正屋七开间，两厢三开间，梁架比巷西那一幢的小，而与晚近的建筑相仿，进深也是11.2米。虽然是四合院，它的一圈外墙还是板壁和木装修，也是在柱子之间设地栿和上、中、下槛，开直棂窗，窗两侧有立颊，用木柱础。从梁架看，东侧的两幢大概比西侧的晚。

这三座房子都已经非常老旧，大约35厘米高的门槛已经快被多少年来人们的双脚磨断了。虽然目前还没有确定它们的年代，但可以大致判定它们是楠溪江中游最古老的住宅之一。如果从它们后院的那口井看，则这几幢古宅可能初建于南宋，即使后来经过修缮或者改造。

蓬溪村的李时靖宅也是一座古老的住宅，正屋七间，总面阔27米，两厢三间，宽9米；正屋进深9.5米，有前檐廊，深1.5米；两厢没有檐廊，进深8米。李时靖宅前临蓬溪村的主街，现状没有院墙和门楼，院子直接向街敞开，两者之间有一条引水渠。屋子四面全部是板壁和木装修，正屋明间前檐有三个双扇门，次间是直棂窗。两厢的前檐安拼板活扇，上面开窗洞，用直棂，装修用料都很粗厚。柱子不高，下用木础，也有地栿。

这座房子的左侧是一条由石板铺设整齐的状元街。传说李时靖中了状元（其实为咸淳乙丑进士）之后，回乡造了这条街，但还没有改建故居，就偕李姓族人全都迁走了。后来谢灵运的后裔从东皋来到蓬溪，买下了祠堂和这座住宅。和花坛村的宋宅一样，李时靖宅确实十分古老，风格很朴实，厚重得有点拙。

塘湾的郑伯熊宅在村中心的上马石东北，也就是原来太平坊的东北方，现在是一座四合院，但照遗迹推断，原来也是一座三进两院大宅子。同样是正屋七间，厢房三间。正屋进深10.5米，两厢进深7米；正屋明间阔4.7米，次间阔3.3米。不过两厢的开间很窄，明间3米，次间2.7米。它也是四圈板壁和木装修，用直棂窗。

这几幢传为宋代的住宅都没有用砖，这或许有助于证明它们的古老。

楠溪江中游村落里，明代住宅遗存还比较多，溪口、蓬溪、廊下、花坛、苍坡、周宅、珠岸、岩头、芙蓉等村子里都有。

这些明代的住宅大多是三进两院的大型住宅，从它们的规模、形制来判断，明代大约是楠溪江中游村落建设的高峰时期，所以住宅不但规模比较大，形制整齐，而且材料和施工质量都比较高。例如溪口村的一幢明代大宅，大门竟有五开间，明间有雕花的石鼓凳，阶条石长达4至5米，台阶的垂带也有精致的浮雕。院里铺块石，中央用条石铺甬道。根据《明会典》所载，公侯以下至一、二品官，宅第门屋都不过三开间。溪口村的这座大宅却大大逾越了规制，然而“天高皇帝远”，在这种远离京师、地方官力不能及的山区，朝廷规制的约束力是很弱的。不过，这些明代住宅大多已经不能保持完整的原状，多多少少经过拆改或者扩充。

蓬溪村中心有一座三进两院的明代住宅，总体还保存得比较好。[①]它占地总宽45至50米，总进深39米，面阔十三开间，左右还有小天井，

① 据《蓬溪谢氏宗谱》保管人、新宗谱主撰人谢云汉先生说，此屋主人与章纶为表兄弟，章曾来游，居此屋。章为乐清人，正统进士，景泰初为仪制郎中。英宗时为礼部右侍郎，调南京，不得迁。卒谥恭毅。

形成日月井的格局，两侧都有附加房间，全屋总间数不下50。大门前是一个深7.5米、宽28米的广场，地面铺块石，中央部分用卵石镶成图案。第一进门屋进深4.1米，后面的小院面积为5.2米×10.2米，整个是个水池，中央有一条甬道通过。正屋进深10.6米，有前后廊，后进进深8.3米，有前廊。它们之间又是一个水池，面积8米×12米，周围有回廊。这是楠溪江中游少有的大宅之一，它的两个水池院也是少见的。这幢大宅子北侧现在是砖墙，其余的墙壁全是木板的，用直棂窗。

岩头村在嘉靖年间由金氏桂林公主持，进行了大规模的规划和建设。在浚水街、中央街和进士街，各造了七幢三进两院的大宅，比肩而立，占了岩头村的一半面积。道光元年因为被告发与太平军有联系，清军烧毁了岩头村大量房屋，包括这21幢建筑。现在在浚水街可以看到六幢的遗迹，在中央街和菊花街（原进士街南段）可以见到两幢的遗迹，在花前街还可以见到一幢的遗迹。浚水街所见的六幢，它们的中线现在成了小巷，院落中的甬道还很完整。每幢之间，包括被称为“箭”的小巷在内，轴线距是48.3米左右，进深六十多米。从前到后，轴线上的尺寸大致是：第一进台明深4.7米，第一个院子深8.25米，第二进台明深13.1米，第二个院子深8.7米，第三进台明深14.9米。前门在一条街，后门在西侧相邻的另一条街，有一个后花园。中央街上的大宅进深62.5米。花前街和桂花街上的大宅进深50米，没有后花园。这些大宅的形制和大小尺寸很统一，排列很整齐。从大宅的间距看，再参考蓬溪村的明代住宅，这些大宅很可能也曾经有左右侧的小天井和侧屋，形成日月井的格局。

现在在浚水街上马巷还有一块当初的柱顶石，鼓镜的直径竟有76厘米，可以推知这些大宅梁架的尺度是很大的。遥想450年前，这一大片住宅区初建成的时候，岩头村的面貌必然很壮观，并不像后来在它们的废墟上重建的住宅那样自由活泼，那样明朗亲切。

在芙蓉村，像这样规模的遗址，清晰可辨的至少有5座，但它们的建造年代已经无从考证了。

明代前期，楠溪江中游村落营建之盛，得力于经济、文化的繁荣。据《鹤阳谢氏宗谱》所记载，第十一世祖裕孙公（1311至1375）“性爱淡素，不尚浮靡，且殖业繁蕃，创第宏敞”。殖业繁蕃恐怕是商业资本或高利贷资本的滋孳利。有了钱，便可以营造宏敞的第宅。至于性爱淡素，不尚浮靡，则是楠溪江乡土文化的特色。士绅们在儒家传统和老带庄襟影响之下，以淡泊相标榜，虽然实际上未必如此。但以淡泊、耕读相标榜的文化心理和价值取向，必定会在建筑上有所表现，尤其是与生活密切相关的居住建筑。

同是鹤阳村，宣德年间供职锦衣卫的谢廷循，在家里造了一所静乐轩。宗谱说：“士大夫与之游者皆为赋静乐之诗。”连宣宗皇帝也写了一首“静乐诗”：“暮色动前轩，重城欲闭门。残霞收赤气，新月破黄昏。已觉乾坤静，都无市井喧。阴阳有恒理，斯与达人论。”

也是在这个鹤阳村，洪武、永乐年间有一位谢德玹，家里有一间书斋，濒临澄江。他写一首《临水书斋》诗：“碧流湛湛涵长天，小斋横枕清堪怜。牙签插架三万轴，灯火照窗二十年。长日尘埃飞不到，常时风月闲无边。已知圣道犹如此，乐处寻来即自然。”

谢廷循的朋友，豫章村的胡宗韫，宣德年间任中书舍人，归田时，同僚赠诗送行，有句：“诛茆今日野，把钓旧时溪。晒药晴檐短，安书夜榻低。”（陈斌）以及“烟霞三亩宅，霜露百年心。黄菊陶潜兴，清风梁父吟。”（陈中）由这几句诗中可看出，这至少是他们标榜的生活的文化意蕴。胡宗韫在故宅“中翰第”造了一座紫微楼以为养闲之所。宗谱说他“植竹种花，终日坐卧其间，时临墨迹，随兴吟诗，优游自乐，或与密友笑谈、围棋、饮酒，如是二十余年”。

《茗川胡氏大宗谱》里的《碧云楼记》，详尽描绘了乡村士绅营建宅第的兴致和生活：“彦通（永乐间人）纯实谨愿，不为薄习。遇高人硕士，辄倾怀于觞酒间。乃度其所居堂之后，爽垲幽闲，宜楼居，乃构楼若干楹。楼之左右宜竹，而又植以竹也。重檐峻出，四窗虚敞，而朝云暮雨，散旭敷晴，则荫连溪碧，翠接山寒。夫楼中之佳致也，多在于竹。彦通每于风朝月夜，携朋挈侣，施施然游息于斯楼之上以极其潇洒者，盖其襟度宏深，神情超畅，能不以天地间事物为心虑也。”从这里可以看到，当年一些乡贤士绅们在家里过着品位很高的精神文化生活，他们对住宅的要求不仅仅是物质性和仪礼性的，还要有雅洁的书斋，爽垲的书楼。可惜在楠溪江的村落里，这些书斋和书楼已经完全消失了。

当然，在这些高质量的、规模比较大的第宅兴起的同时，村落里也一定会有另一批简陋而湫隘的住宅。《两源陈氏宗谱》里有一首资叟公的诗，名叫“田家”，写的是：“颓屋矮檐四五家，腰镰荷笠事桑麻，耳边不涉风波事，欸乃声中日未斜。”田家的典型生活环境是“颓屋矮檐”，不过，这些居住建筑，当然更加禁不住时光的摧残，现在已完全找不到了。

居住建筑现状

楠溪江各村落里现有的居住建筑，是从南宋以来几百年历史的积累。可惜资料阙如，现在不可能一一判明它们的建造年代，加以历史的考察。更由于近年来为造新房子而拆除大量传统住宅，所以即使就现状对它们做统计性的分析，也毫无学术价值了。

虽然住宅屡经翻改，但村子的规划结构基本没有变动，所以住宅与村子的整体之间大致上还保持着原始的关系。

中游盆地的村子以岩头、苍坡和芙蓉三村为代表，规划格局都很整齐：一条主街，几条与主街相垂直的次街，次街之间有小巷。大多数住宅的正门开在次街。这三村的次街都是南北走向，岩头和芙蓉的次街间距50米左右，本来正相当于一幢三进两院大宅的进深。但几经兵火，现有的住宅大多是进深不到50米的中小型住宅，只能从小巷里侧面进门，门内是前院，正屋仍然向东。还有一些是从小巷开一段专用的岔巷，正门开在岔巷里，例如芙蓉村的“将军屋”，岩头村的“枕琴庐”。更有一些简单的长条形小住宅，不围院落，全面敞开，居民则从小巷由人行步道出入。岩头和芙蓉两村都有不少在大宅废墟上建造的住宅，非常零

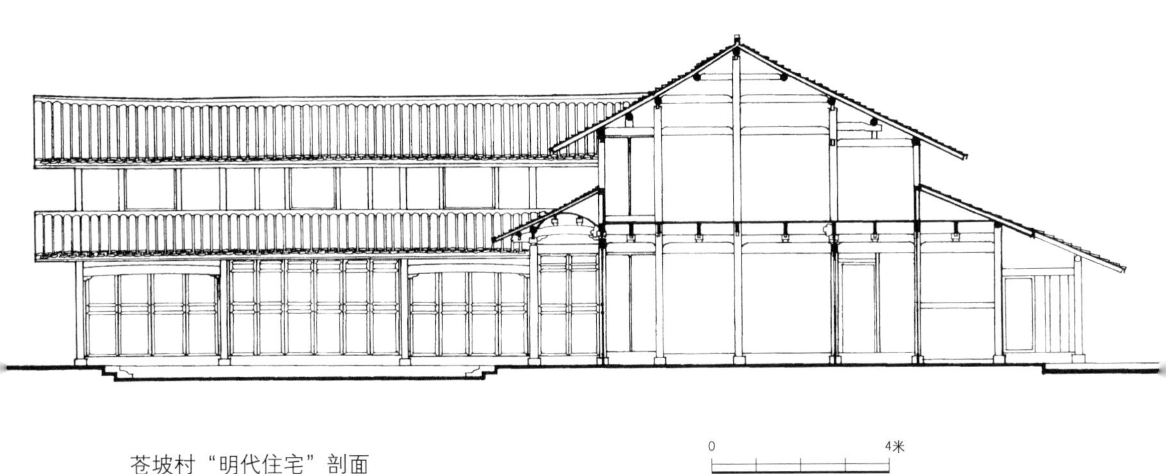

苍坡村“明代住宅”剖面

乱。有造在原来两厢台基上的，就朝北、朝南；有造在正屋台基上的，就朝东。这些住宅出入的路径很随便，往往很曲折，甚至有穿过别家堂屋的。岩头村浚水街以西，中央街与菊花街之间都有这样的情况。

苍坡村除了中央部分有东西向的横街外，次街也是走南北向的，但它的住宅都向南，因此多数住宅就从侧面入门。为适应住宅的总宽度，两条次街之间的距离只有四十米，但住宅的两侧仍有小小的余地。侧面入门之后，一般是自由空间，绕过厢房才是住宅的前院。也有个别住宅比较宽，厢房贴邻次街，于是侧门就开在厢房前端的一间，以这一间为门厅。苍坡村有一条九间巷，一条三退巷，过去比较大的住宅大多集中在这两条巷子里，这两条巷子的名字正夸耀着它们宅子的规模不同平常。①但现在已经没有这样的大宅子了。

山坡地上的村子如水云村、埭头村、西岸村等，住宅基地狭窄，形成院落的就少了，大多顺等高线延伸。为了满足宗法制大家庭的需要，有长达十五开间的。例如水云村中心最高点的一座宅子是咸丰年间造的，有“钦命兵部侍郎右都御史浙江巡抚部院罗□□”题的匾：“登崇俊良”。房子主人是贡生陈福。道路也是顺等高线走的，这些住宅平行于道路，因此就把整个村子拉长了。它们前后的间距不得不压缩得很

① 永嘉方言，在房屋上，以“退”为“进”。三退，即三进两院式住宅。

小，建筑密度因而很高。但是只要稍有可能，这些村子里的住宅也还是争取成为院落式的。

在各种不同地形的村子里，住宅有朝东、朝南和朝北，但没有朝西的。楠溪江流域夏季炎热，朝西难耐西晒；而且风水术也以朝西为不吉。例如《阳宅会要·论福元》说："宜住坐北向南宅，上上吉。坐南向北宅，上吉。坐西向东宅，亦吉。惟坐东向西宅，不宜居。"

楠溪江的建筑虽然大多保留自己形象的独立完整，表现自己的个性特色，但都在统一的村落规划里，所以不大以个体来考虑风水。不过也有例外。廊下村前街两幢"进士第"，一幢背对天马山的马头，一幢面对天马山的马鞍。宋朝王洙等编的《地理新书》说"山如马鞍，主公卿宰辅"，所以有一幢朝向马鞍。而马的首、尾及足都主凶，所以另一幢就背向马头。

楠溪江的住宅以长条形的和三合院式（即冂形）的居多。三合院式的有一种变体，加一个不大的后院，平面呈H形。四合院和三进两院的大宅各村几乎都有，但不多。各村落住宅的规模渐小，质量渐差，是因为明末清初以后，楠溪江经济文化的大衰退和大家族制度逐渐式微。到了民国年间，才有一些在温州经商的人回乡造了一些质量比较好的砖门楼住宅。

长条形的房子，除了在山坡地不得已而为之的以外，一般质量都比较低，五间或七间的小型住宅显然是经济条件比较差的人家的。它们大多是四面板壁，用直棂窗，堂屋前檐完全敞开，没有装修；有楼层，但常常不设楼梯，而用竹爬梯上下。结构用料很粗糙，弯弯曲曲的原木，也比较细小。它们不筑院墙，房前屋后种树栽竹。四个立面都不封闭，两面山墙有窗，偶然有门。虽是长条形的，但形体并不会单调。这种小型住宅的构图最善于变化，只要平面上有一点不同，立面上就能引发出很大的变化来。而且年代久了，总会有些增扩，多有厕、储和猪栏等小建筑物附加在左右，造成体形的层次和穿插。一般说来，它们比院落式的更活泼多变，更富有创造性。因为长条形房子数量比较多，造成了整个村子开敞、明朗、体形活泼、绿化丰富的景观。

冂形的住宅是楠溪江中游最基本的形制，比较模式化，一正两厢，有楼层。正屋七至九开间，除去两厢所占空间，前院宽度大于三间、五间，而两厢不过三开间，所以前院很宽敞。院前不一定有墙，即使有，院墙高度也低于厢房底层披檐檐口许多，且在墀头以下，高度只大约略高于两米。院内的树木、竹子，甚至瓜、豆都能越墙而出。更有特色的是，虽然有前院，正屋和两厢的山墙面和背面大都仍旧做木板壁，在板壁上开门、开窗。所以，这种住宅的性格也还是开敞、明朗的。只有比较晚近一些的三合院，在温州的影响下，后墙和山墙都用砖封护，显得封闭。这种房子各村都有一些。

冂形住宅的基本模式是在前院墙正中设院门，单开间，左右各有一榀小小的屋架，有前后檐柱和山柱，两棵山柱间立门扉一对。屋顶为悬山式，有阴阳坡；讲究一些的有简单斗栱，或在山柱向前后做四跳丁头栱。还有常见的一种，没有前檐柱，由山柱向前做丁头栱两跳，承托檐檩和挑檐檩，而后坡做半榀小小的梁架。木门楼虽小，造型推敲却很精致，深入到细节。由于很优美典雅，舒展大方，不但使住宅生辉，也给街巷添色。粗重的蛮石围墙，夹着些小巧玲珑的木门楼，楠溪江村落的这种街景很富有情趣，仿佛泄露出草野环境中精致生活的消息。晚近一些使用砖砌封护墙的三合院，院门也都改成砖作，它们远不及木门楼那样轻快、明朗、富有空间层次和结构美。但砖作有雕塑性，檐下装饰化的仿木构和屋脊两端空灵飞扬的花饰，与下部质重的墙垛相对比，产生很强的上升运动感。木作和砖作门楼都比院墙高，有一些还在两侧做八字墙，形象很完整、突出。

楠溪江住宅的一个重要特点是院落宽敞、充满阳光。地面满铺块石，晴天可以曝晒庄稼粮食，雨天排水通畅，与浙中、浙西、皖南、赣北，甚至云南、四川传统民居里那种狭小、潮湿、阴暗的天井大异其趣。正是这些宽敞的院落、不高的院墙，和四面都有门窗的组合，才使楠溪江的居住建筑摆脱了封闭性。从这个明亮开阔的前院到住宅室内有一个过渡性的空间，就是从阶条石算起宽达两米多的檐廊，多数住宅连两厢也有檐廊。当地气候温和，半露天的檐廊便是日常生活主要的场所。家务、手工菜、休息、读书、儿童嬉戏都在廊下，有些人家还在这里进餐。夏天纳凉，冬天负暄，廊下都是好地方。

住宅所有的房间中，正屋明间是最重要的，即堂屋，当地人称为“上间”，面阔一般在4.5米左右，有的达到6米以上。浙中、浙西的天井式四合院，堂屋前檐没有装修，空间与天井直接融合。而楠溪江住宅的堂屋，绝大多数都有前檐装修，一般是用三对双扇门。堂屋的主要功能是礼仪性的，在它的后部就是后明柱的位置，设一道太师壁，壁前置条几，条几上陈设着插屏、掸瓶之类的东西。有些人家在太师壁上部悬挂一个精工细作的架子，供奉家庭近祖的神主。因此，条几上就得有香炉，天天焚烧高香，以突出堂屋的尊贵地位。各类住宅，包括简陋的长条形住屋，都是对称布局，都把堂屋放在中央。据《鲁班经》的说法，住宅的大门前后四棵檐柱，加上左右中柱和门，形如日字。正房堂屋比较宽，加上太师壁，形如曰字。它们在一起就组成一个昌字，所以《鲁班经》力主堂屋要宽。

太师壁两侧有门，通向后面小半间，通常把主要的楼梯造在这里。凡比较老式的住宅，后檐墙都是板壁，直棂窗，少数有后檐廊，面对一个宽度为通面阔的空地，种些树木，搭一些厕所之类的小屋。新式一点的住宅，山墙和后檐墙都用砖墙封护，则大多设后天井，两侧各有一间房间，平面就成了H形。也有三面设檐廊的。无论哪一种情况，堂屋太师壁后面的小半间都是家庭日常起居的重要地方，常常用作餐厅。前院的厢房大多三开间，也以中央一间为堂屋，同样有太师壁，不过比较简单。

堂屋是宗法制家庭的象征，有作为家庭凝聚力中心的祖先神主。年时节下，生辰忌日，这里都要设祭行礼，婚丧大典也在这里举行。平素若有贵客临门，也在这里接待。这里也是对子弟进行庭训的场所。简单地说，堂屋就是家庭的礼制中心、教化中心。当地习俗规定凡兄弟析产分居，新屋必须有堂屋才能算成立了新家。所以营建新居的，都很重视这间堂屋。

无论正屋还是两厢，房子的进深都很大，一般为8至10米，通常都用板壁分为前后间，这是后檐也有门窗的原因。次间的卧室是最重要的，住长辈，由堂屋侧面出入。卧室光线很暗，地面潮湿，白昼很少有人愿意枯坐在里面。

厨房往往设在正屋的尽间，由前檐廊的一端进去。在H形的住宅里，它更常常设在后天井的一侧。厨房是住宅最忙碌的角落，维持着整个住宅的生气，因此占一间，面积比较宽松。因为用柴火灶，而且必有一口煮猪食的大锅，所以灶台很大，一般两个火口，烧火人坐的长木凳后面就是柴堆。厨房近旁必定有一间仓房堆放柴禾，另外，水缸、粮柜、碗橱、餐桌、咸菜坛等是必备的。秋收之后，年关之前，还在厨房里酿酒、舂年糕。有些人家厨房里还有大酒缸和年糕缸。为了防鼠，鱼、肉、菜肴等常用竹篮子挂在梁上。柴灶的烟囱用砖砌，并不伸出屋顶，也不伸出墙外，而是拔起两米多高之后，转折抵住外墙，在墙上开一个洞口就成了。不做高烟囱是为了省柴。在巷子里看，砖墙上一个个洞口就是烟囱，袅袅地冒出青烟，常常在墙面上熏一片黑。厨房有一个门通向小巷，另一个门开向后院。梢间的前后卧室往往在厨房开门，而不在前后檐开门。灶上有供灶神像的小龛，都在烟囱的里侧，神像下设香炉和烛台。灶神是家庭的保护神，待人宽厚，所以虽然大小事情都要向他报告，神龛却很简陋。冂形或H形住宅在建造的时候，或许是为一个大家庭用的，但一两代之后，家庭人口多了，就要析产分炊，于是就会增添厨房。所以一所旧宅往往是两厢各有厨房，正屋有一两个厨房。一个厨房代表一个家庭，厨房与堂屋一样，是家庭的象征，一个是礼制性的，一个是经济性的。

楼上的房间乱堆杂物，并不住人也没有什么重要用处，楼板薄而简陋，上面露瓦。局部楼板加固，存放粮囤。运粮上楼的办法是在明间或一个次间里的楼板开个洞口，盖一块活板，正对洞口的檩条上装一副滑

岩头村水亭祠水池及其旁民宅（李玉祥 摄）

轮，运粮的时候掀开活板，用活轮吊上粮袋。

四合院或者三进两院的住宅，基本原则与冂形的一致。四合院增加了“倒轩”，就是第一进门屋。门屋的明间为门厅，一定比堂屋窄，两者仍然合成昌字形。三进两院则是把四合院在轴线上重复一次。

厕所都在住宅附近，单独建一小屋，有二三个厕位，都是坐式。前檐开敞不隐蔽。往往各家厕所比邻，连绵于路侧，数十米不绝。室内则用便桶。

在芙蓉村有两幢形制特殊的大型住宅。一幢是造在康熙年间的大屋，也有人叫它司马第，在村子的西北角。它有三条平行的轴线，三座四合院并肩组合成一所房屋。连正屋带厢房，一共46个整间，总面宽七十米左右。三所四合院各有自己的门，但院子之间又可经过厢房前后的夹道连通。大屋后面有自己的水井，前面左侧有自己的三间家塾，右侧有花园。正门之前有磨砖照壁，照壁和大屋在路的同一侧，所以在照壁左右各有一个小前院，从前院折向正门。从正门到阶前还有大约18米

岩头村塔湖庙（李玉祥 摄）

的距离，在这段空地里划分了几个大院落。大屋的左侧，也就是北侧，曾经有水渠和池塘，现在已经干涸。

芙蓉村的北部还有一幢复合的四合院，中央的院子横向很长，前面对称开两个门，每个门一进来各有小小的天井，实际上是个小四合院。由天井再进大院子，正屋左右又各有小天井，天井外侧还有些房间，所以这是一对日月井。

冂形住宅、四合院和三进两院住宅，质量都比较好。前檐装修全用格扇，少数用槛窗。格扇的格心花色很多变化，最上面有一块绦环板，都有精美的浮雕。格扇前面是檐廊，檐廊梁架构件都做装饰性处理，与柱子外侧承托挑檐檩的斜撑、牛腿或出翘一起，构成相当华丽的组合。有一些质量更好的，在檐廊上做卷棚轩或井口轩。《正字通》解释“轩”：“檐宇之末曰轩，取车象也。殿堂前檐特起，曲椽无中梁者，亦曰轩。”它所说的正是檐廊上的轩。尤其是“曲椽无中梁”的卷棚轩，装饰性很强。

楠溪江住宅的一个很特殊的做法是明间檐柱之间没有枋子连系，形成了一个缺口。推测起来，这个做法大约是因为《鲁班经》里说，人站在堂屋的太师壁前向外望的时候，应该看到门口的上槛背后衬着天空，不应该看到柱子间的枋子、檐口或其他东西，否则就是凶相。这里根本不架设额枋，而檐口又高，就避免掉那样的凶相了。

结构上的另一个特点是，正屋檐柱连线与厢房檐柱连线相交的阴角没有柱子，只把厢房的檐枋架在正屋的枋子上，而在相交的位置倒吊下一个雕刻十分精致的圆柱形装饰构件。这个构件根据它的雕饰而分别叫作“垂莲柱”“花篮柱”“冬瓜柱”等。

结构上还有一个很别致的特点，就是正屋先建、厢房待建时，为了在两端结束正屋的挑檐檩，从前述垂莲柱或花篮柱上按45度斜角突出一段短短的挑梁，把挑檐檩端点架住。而这时候的垂莲柱或花篮柱上，也还没有架上厢房的檐檩、檐枋。

砖门楼的住宅有一前一后两处灰塑装饰。一处就在砖门楼和它两侧的八字墙上，灰塑主要形式是檐下的隐出斗栱。有一些砖门楼没有坡形屋顶，而是在屋顶中央做一片曲线花式的小山墙，两侧立灰塑的花盆，如万年青之类。八字墙的上部有灰塑的方框，里面塑花卉或者人物故事。另一处灰塑在后天井正对堂屋的照壁上，这里往往是整幅的大型构图，主题大多是散仙高士的故事，抒写乡村文人们的隐逸情愫和读书之乐。芙蓉村的将军屋和岩头村的枕琴庐都还保存着这样的大幅灰塑画。砖门楼的住宅还常用空砖花做装饰，大多用在前院墙上，尤其是门楼旁的八字墙上部。花坛村和埭头村砖门楼和空砖花尤其变化繁多，因为花坛村是明代以后比较发达的村子，其他多数老村子在这时候已经渐趋没落。而埭头村则是建筑业的专业村，有大量木匠、泥水匠，大多外出在温州谋生。他们在建设家乡时更大大施展才能，门楼、花墙，百花争艳，尽情抒发他们对生活的热爱。

同治年间，在蓬溪村造了一座住宅，叫“近云山舍”。主人谢文波是个邑庠生，在同治五年到苏州遍访名第大宅，采绘建筑式样，回来后造了这所房子。它是座四合院，院落扁宽，被两道空花砖墙分隔为三部分。厢房前形成一个小院子，墙根设花坛。左边厢房名“听香斋”，由翁同龢书额。后来因为与鹤盛人争柴山而成仇，山舍被烧毁，花墙只剩下左侧的一片。1937年，谢雪仙兄弟曾重建正屋和倒轩。现在这片花墙还在，它的精致在楠溪江建筑里是少有的。①

住宅是楠溪江建筑风格的代表。楠溪江建筑的开朗亲切、活泼灵巧、朴素真实、纯净自然，都最鲜明地表现在住宅身上。它们决定了村落的面貌。

住宅的基本材料是蛮石和原木，直接从自然取来，保持自然的形态。一般使用轻灵的木构架，不加掩饰地把构架展现出来，以简便的方法造成屋面复杂的翘曲，显得柔和舒展。屋脊、檐口和山墙上屋面的侧缘，曲线流畅圆润。屋顶的前后出檐和左右出山都很宽阔，以显露在白粉壁上的轻盈细巧的木构架承托，如鸟似翚般飘然。山墙是住宅最优美的部分。两层的房子都有腰檐，它们在山墙上挑出薄薄的一片斜面，或者转折过来，在转角上断开，形成一个小巧的山尖，穿插很富机智。为支承很宽的披檐，山墙上偶或用一排细长的斜撑，以增加山墙前空间的层次和形式的变化，也把重力的负荷和传递表现得轻松自如。深暗色的木构件带着天生的弯曲和裂纹，在粉墙上画出方格图案，几个恰到好处的窗子使图案更加生动有神。山墙面上的建筑材料种类最多，因此色彩、质感和形体的变化也最多，提供了不少组合的可能性。而使山墙的构图达到完美境界的，是两坡屋顶精致的曲线和它轻逸飘洒的上升动势。楠溪江的建筑匠师们深深知道山墙的美，常常利用它们充当重要的角色。冂形的住宅不但以厢房的两个山墙朝前，而且后面的两个角也都向后和向外侧面做山墙，侧面的一个是正屋的，后面的一个是厢房的。山墙上各种因素参差错落，有出有进，有正有斜，有曲有直，巧妙地组合搭配，非常丰富，却又出奇地朴素。这些山墙造成了村落起伏跳动的

① 这片花墙现在是县级保护文物。砖门上“近云山舍”四字及门联“忠孝持家远，诗书处世长”，传为朱熹所书，由谢家保存下来的，不过此说法不可靠。

轮廓线，十分活泼，既表现了每幢住宅的独立品格，又达到了整个环境的统一和谐。此外，砖砌的封护山墙，五花的和弓背的都有，数量不多，但艺术水平很高。

冂形住宅的院墙并不高，正屋和两厢的后檐墙大多是板壁，开直棂窗，有门，山墙开朗活泼。因此冂形住宅的性格说来是比较开敞、外向的。加上村子里许多的长条形小住宅，没有院墙，或者只有很低矮的院墙，街道的空间一直扩散到它们面前。所以街景也是开敞而外向，有时候简直是穿通的。住宅前后的树木竹丛也都进入了这些村子的街景。苍坡、芙蓉、鹤阳、港头、周宅、渡头、霞美、坦下、埭头、溪南、塘湾等村子，都是绿荫处处，禽鸟和鸣。

住宅与村落环境的交融，最出色的例子是埭头村的“松风水月”住宅。这住宅并不大，不过是七开间的一长条。它位于村子后部的山坡上，前面一个8米宽的院子，院子外地形下降1.5米左右。但堡坎的下面，竟是一个4.1米宽、28.1米长的水池，池外才是道路。从水池的一端上几步台阶，进一个砖门楼，向右转后再上台阶才到院门，院门有互成直角的两片。迎着台阶，让人出入的门洞与住宅垂直，这片真正的院门形式比较简单。另一片与住宅平行的门比较高大，有脊，看来是门的正面，但门洞外却下临水池，不能出入，而在门洞里装设美人靠。倚着栏杆，望水池边的妇女们浣洗衣服，笑语盈盈，情趣盎然。松风水月利用地形高差，造成住宅内外的空间交融和生活场景交融，而且，为了这交融，大门的形制突破了常规，大胆出新。埭头村是建筑匠人的专业村，匠师们确是身手不凡，富有创造性。松风水月右前方有一座小宗祠[①]，宗祠内部木构件的艺术加工水平很高。侧面封护山墙的轮廓很有弹性，很有生气，和松风水月的院门形成统一的构图。

由于楠溪江居住建筑的形式非常多样化，加上住宅与住宅、住宅与街道之间的相互关系变化很多，使得楠溪江村落建筑环境里的景观十分丰富多彩。同时，居住建筑形式很富有独创性，常常可见到独出心裁的

① 村人久已不知它的来历。有人说是鲁班庙，在这建筑匠师的专业村有此可能。

造型，使人惊喜，也造就了楠溪江清新的村落景观。

居住建筑是最基本的乡土建筑，它的风格与官式建筑的对照最强烈。乡村里的礼制建筑和崇祀建筑则介乎两者之间，有些偏向居住建筑，有些偏向官式，表现出中间状态的不稳定性。

礼制建筑

礼制建筑中最主要的是宗祠。宗祠是血缘村落里最高品位的公共建筑，它表征着宗族或者宗族之下房派的经济、社会和政治地位，炫耀它的过去，预示它的未来，所以宗祠受到普遍的关注。数量之多，也仅仅次于家家必有的住宅。由于重要，由于量多，也由于年时节下祭祀祖先或者演出戏剧的时候众人会聚集于此，所以，宗祠在村落的布局中也有着结构性作用。

宗祠的作用和地位

在传统宗法制度下的村落里，宗祠是宗族的象征，可团结整个宗族、维护人伦秩序。塘湾村郑氏大宗祠里有一副楹联，写的是："萃子孙于一堂，序昭序穆；享祖宗以万祀，报德报功。"这是对宗祠作用的简要概括。

宗祠的首要用途是供奉神主，"妥祖宗之先灵"，并且按时举行各种祭祀。宗祠供奉着祖先的神主，对宗族就有了神圣的意义，因此常常被用来作为聚会厅、议事厅和法庭，讨论和处理有关全宗族的大事。某些意义重大的物品如圣旨、祭器、祖先像、族谱等，通常也保存在宗祠里。大宗祠和一部分小宗祠还附设戏台，寓教化于娱乐，有了文化建筑的功能。宗祠也可以作为地方官吏的临时公廨，如《渠川叶氏宗谱·合同议据》记载："宗祠未毁之时，从前各宪按临，或为国课，或为公务，凡驾至溪都（渠口村），必于此公署……会倾圮已久，倘遇宪驾临溪，无从憩息，或沐雨而过他都，戴月而临别地……鞅掌风尘，停骖无地，为民固有所不安，为子孙亦有所不肖。”总之，宗祠是血缘村落中最重要的多用途公共建筑，其中全宗族最高级的大宗祠在村子里必是最宏大、最精致的。《珍川朱氏合族副谱》里有一篇《如在堂记》说：“为子孙者，睹规制之伟宏，则思祖德之宽远；见栋宇之巍焕，则思祖业之崇深。岁时致享，敢不敬肃。”可以说宗祠的建筑就是宗族制度的一份好教材。

宗祠的意义如此重大，连它们的命名都有教化作用，如孝思堂、敦睦堂、崇本堂之类。明代花坛村朱进轩主持建造一座宗祠，《珍川朱氏合族副谱·桂馥堂记》说到它的命名：“意者欲使后嗣子孙，顾名思义，上体父祖培植之勤，下笃子孙思绳之念，将书香振起。承俎豆者，玉树芳兰，翰墨生辉；答烝尝者，金蝉紫诰，科甲连登。家声不坠，簪缨继美，世泽常新矣！”因而名桂馥堂。由此可见一个堂名寄托着对子孙的多少厚望！

宗祠的建造

每个宗族都有一个大宗祠，奉祀本地本村的始迁祖。随着子孙繁衍，一些有财力、有地位的人建造小宗祠，另立房派。年长日久，宗祠越来越多。如廊下村朱氏有宗祠18所（现存10所），芙蓉村陈氏有宗祠18所（现存12所），蓬溪村谢氏有12所宗祠。[①]

据《岩头金氏宗谱》所记，岩头村金氏的十所宗祠的建立缘起和经过是：“大宗祠为始祖伯二府君建也。府君肇基岩头，积功累仁，子孙昌炽，是为不祧鼻祖。暨二世、三世、四世、五世崇祀大宗。后惟游历仕宦及有大功于宗族者如端十九、端二十六、升四四、安二十四、安

① 大宗祠建于明代中叶，清代乾隆年间大修，道光初年建前进及戏台，同治年间再次大修。东宗祠本为李氏旧祠，卖给谢氏，雍正间迁建于龙泉山下。西宗祠初建于龙船头，坐申向寅，嘉庆末改徙今址。晚成祠建于乾隆四十年。两众分祠建于道光十一二年间，现毁于火。四美祠建于道光甲午至同治甲子间。福众祠建于道光二十年。茂众祠建于咸丰三年。生巳宗建于同治末年。三分众祠建于光绪十六年。君严享堂建于光绪十八年。察基祠（无后者祠）建于光绪十八年。

五十、谦三五诸府君配享其内，岁设春秋二祭，通族子孙皆与焉，东宗为英六府君建也。府君去古未远，规模草创，府君相地宜，谋乐利，开双圳以备旱潦，创族谱以明本支，特祠奉祀，不亦宜乎。五分宗祠为端二十六府君建也，府君为英六府君之孙，凡英六府君治谋之所未足者，府君能继志述事，以成全美，诚有功于祖宗者也，因特建祠以祀之。老三房宗祠为升十五府君建也，府君怀仁抱义，济困扶危，有长发其祥之基，宜乎建祠以奉祀。二宅二房宗祠为升二十八府君建也，府君规模阔大，气量高深，有百年必世之恩，宜乎建祠以奉祀。水亭祠升四四府君所手建，今即为府君之特祠也。府君怀远大之志，具亢宗之才，原创水亭为子孙课业计，自兹文学振兴，叨膺科第，至今胶序蝉联，绳绳不绝。尤能培风水，兴地利，置祭田，建公业。人之区画所不能至者，无巨无细，靡不一一经营，尽善尽美。由始迁岩头以来，列祖非无建造，而兴利之多，功德之盛，应推府君为第一。府君殁，奉其主于水亭，因书塾而为祠堂，以伸其食报焉。六分祠为安二十四府君建也，府君孝行特著，遐迩慕之，且有盛德伟功，子孙咸蒙其福泽，于大宗祠右侧创祠奉祀，额之曰'顺应'，良不诬也。老二宅四分宗祠为恭十二府君建也，府君身承微弱，再传而椒□繁衍，瓜瓞绵延，非其积德累仁之功何以至此，其食报也固宜。水亭五房三分宗祠为宽二百八二府君建也，府君襟怀旷达，磊落不凡，广施惠泽以济穷困，多置产业以遗子孙，迄今祀田盈野，祭仪丰隆，寝庙奕奕，子孙乐其乐而利其利焉。水亭四房宗祠为敏二百四二府君建也，府君敦孝友，崇礼义，内外无间言，诗书继世，庠序蜚声，庙貌巍峨，亦崇德报功之意也。大约子孙能扬名于世，有光奕叶，教子有成，获膺褒赠者，配享大宗。其余克自振拔、不为凡庸与有功宗族者，俱得配享小宗，俾礼祀不朽。至于后嗣终靳，昭穆无绍，能捐产入祠助祭，亦得附跻本派之小宗。此矜怜孤独，曲全一本之义，皆不易之公论也。”

由这篇记载可见，小宗的建立多起于房中有杰出的人。又如蓬溪谢氏，祀大熙太神主的二分祠，其兴建时间要早于祀他父亲立勋太神主的三分祠，因为大熙太为本村争得屿山，立了功。至于那些既无子息、又无财产可捐的人，神主竟不得入宗祠。可见宗族内部获祭的机会并不均等，而由财力和声名等决定。

宗祠的建造费用，或来自祠下祭田的收入（祭田又称太公田），或者由士绅倡捐，也有按丁口摊派的，宗谱里大多有记载。因为建祠费用很大，所以宗祠往往由历代增扩而成最后的规模。例如《渠川叶氏宗谱·重修叶氏大宗祠碑记》："明弘治甲子……肇建宗祠，敬宗收族……祠仅一重，草创而已。本朝康熙癸亥……重建，拓地二十余弓，翼以两廊，奄有两重，规模略备。乾隆壬辰……重建头门，前后历三重，宏敞高深，堂堂乎巨构矣！"

由于屡屡改建、扩建，甚至迁址重建，记载又很简略，所以很难判定一所宗祠的建造年代。大致说来，现存宗祠中，大宗祠多创建于明代。据《珍川朱氏宗谱·桂芳堂记》说，花坛村的朱氏大宗初建于南宋淳祐己酉，"元末毁于兵火，所存仅前堂数楹，累世修葺之，未及前之雄壮。至我明景泰年间……因故址而重新之"。成化年间再扩大，清初毁于寇，康熙间重建。根据这样的记载，不能确定现有大宗是否还侥幸保存部分的宋构或明构。正殿里的柱子，虽然至今还完全保存木础，但直到20世纪初，楠溪江建筑仍有用木础的，所以不能依据它们来判断朱氏大宗正厅的建造年代。

宗祠的选址

大宗祠的位置就是村落的礼制中心，所以非常重要。

在芙蓉村、苍坡村、岩头村和花坛村，大宗祠在村子的主要入口处。而塘湾、珠岸、溪口、豫章等村，大宗祠在村子的中央。坦下村的例子则是独一无二，它的大宗祠位在寨墙之外的一块台地上。大宗祠在村口，好处是交通便捷，有大型聚会，尤其是演出戏剧，外村观众蜂拥而至的时候，不致过于影响村子内的安宁。

芙蓉村陈氏大宗初创于明代，在村子东门内如意街的北侧。街的南侧是一座高约五十米、长宽各6米的平台，叫作“演乐台”或者“迎宾台”，是举行仪典的时候供乐队用的。笔直的如意街到了迎宾台向北拓宽成一个不大的长方形村口广场，东门也因此略向北偏，没有正对如意街。这一组建筑群是芙蓉村的礼制中心。陈氏大宗的形制虽然是典型的，但是它的主轴线走东西向，和如意街平行，因此要从大宗前院的南门——光宗门进入前院，然后左转才面向大宗正门。

岩头村的金氏大宗是嘉靖年间由乙丑科进士霞峰公主持建造的，位在名为“仁道门”的北门内，进士街的西侧。进士街走南北向，大宗的主轴线和它平行，大门朝南，这种关系与芙蓉村陈氏大宗和如意街的关系相同。祠前有一座为霞峰公造的进士牌楼，朝向街道而与大宗成直角。与大宗夹路相对的是嘉庆戊辰为世辉公安人谢氏立的贞节牌坊。仁道门、大宗、贞节牌坊和进士牌楼组成了岩头村的礼制中心，在村口炫耀出宗族的成就和荣誉。

花坛村的朱氏大宗在村子西端溪山第一门内，大街的北侧，大门朝东，主轴线也和大街平行。街的南侧是一座小小的三官庙，大宗之东不远有一座很大的牌楼横街而立，可惜已经坍塌，只剩下石柱座了。[①]和芙蓉、岩头一样，这个礼制中心是主街的起点。

苍坡的李氏大宗在村子的正门、南门之内的水池的北岸。它的主轴与南门进村的街道互相垂直，大门临街。这和岩头、芙蓉、花坛三村的大宗不同，但是，李氏大宗的主轴仍与苍坡村的主要街道笔街平行，并且因为与笔街一起朝向西面的笔架山，所以成了全村唯一朝西的房子。这情况显示，上述三村的大宗与主街平行，很可能也是因为风水的关系，就是主街与大宗一起朝向某个地标或者某个方位，因而大宗以侧面临街。

大小宗祠的选址和朝向，确实有堪舆风水的根据。《珍川朱氏合族副谱》列举花坛、廊下等几个村落里朱氏各房派的宗祠的建造经过，每个宗祠都有上好的风水。例如“明德堂”是：“相阴阳而度隰原……

① 村人现在都不知道这是什么牌楼，现存中央开间遗石，跨度为5米。

枕积谷而面玉屏，挹双峰而扼珍水，飞凤翔其南，天马踞其北。舆图巩固，星峦环拱，诚斯土之壮观也。此真可以妥先灵乎。”又如“桂馥堂”是：“基地宏开，规模大起。度原则地跨双龙，陟巘而峰临五岳。屏山掩映于其前，浃水萦纡于其右，诚雄图也。斯诚可以妥先灵而足见仁人孝子之用心矣！”再如“追远堂”是：“其地前则面堆谷之山，右则环珍带之水，相其阴阳，卜云其吉。盖种德者厚，故流泽孔长。”所以，《乐安朱氏合谱・凡例》中说：“古迹备书，欲子孙爱惜，毋伤损也，亦一族风水所系。”

年月久远，又经历剧烈的社会变动，现在楠溪江村子里，故老耆旧们已经不能一一指陈大小宗祠的风水了。不过，照宗祠的分布看，似乎小宗也趋向于靠拢大宗祠。这大约是因为大宗祠的风水好，或者是因为有攀附心理，靠近大宗祠能沾一点光彩。在芙蓉村，现存的14座大小宗祠一律朝东，这大约是与“前横腰带水，后枕纱帽岩”这个全村上上大吉的风水格局有关。[①]蓬溪村的12座宗祠则一律朝向东南，即巽方，那里有一座卓笔峰和一池墨沼，关系到科甲功名。

坦下村陈氏大宗造在寨墙之外，也是因为风水的关系，它所在的那块台地被村民们叫作“风水坍”。坦下村是宋末元初蒙古兵烧尽芙蓉村后，由与陈虞之并肩抗元的白泉村陈氏子侄们建立的，很可能由于兵连祸结，寨墙造得早而大宗造得较迟，所以才有了风水坍在寨外的情况。

宗祠的形制和用途

作为礼制建筑，宗祠的形制和外形比较保守、定型和封闭，外面大都用高高的砖墙包围起来。在楠溪江村落里，居住建筑大多外向开敞，封闭的宗祠在村落里显得很特殊。宗祠和住宅在建筑风格上的对立，也是雅言文化和民俗文化对立的现象之一。

楠溪江大多数的大宗和一部分小宗的形制是一个正厅、左右两庑和门屋。在门厅的内侧，面对正厅常有一座戏台。戏台大多数是向前凸

① 芙蓉村全村的房屋，包括书院和住宅，都朝东。

出于院落中，少数就在门厅里，门屋的高度和进深因而加大。正厅与门屋一般是七开间，采用悬山式屋顶，两庑则是三开间。采取这种形制的至少有芙蓉陈氏大宗、苍坡李氏大宗、渠口叶氏大宗、塘湾郑氏大宗、豫章胡氏大宗、桐州蒋氏大宗、珠岸陈氏大宗和坦下陈氏大宗，廊下朱氏小宗也是这一类。芙蓉村陈氏大宗在这类宗祠中形制比较完备，它朝东，正门前有院子，院中央开一方水池，叫“相承池”。左右各辟一院门，朝南的叫“光宗门”，朝北的叫“耀祖门”。相承池之东，对着宗祠大门有一堵照壁。

有些小宗只有正厅一座，没有两庑，正门只是随墙做木门或砖门一道而已，更没有戏台了。这种形制的祠堂里最重要的当推鹤阳村谢氏宗祠“叙伦堂”，这祠堂里供奉着第一位山水诗人谢灵运的神位。[1]在埭头村和塘湾村，都有这类祠堂而前面设半月形水池的。也有一些小宗祠，如蓬溪村的东宗祠和西宗祠，芙蓉村的二房祠和三星祠等，有正厅、两庑和门屋，没有戏台，因而形成一个方正的四合院，这与《鲁班经》上记载的宗祠形制相同。

正厅和两庑的前檐全部开敞，空间与院落融成一体。正厅的后檐墙前设神厨，神厨里供奉历代祖先神主牌位。神厨前沿有细木镂花的罩，精巧玲珑，涂朱描金，是宗祠里最华丽的部分。神厨前置长条的香案，雕镂精致，造型与神厨统一，成为艺术的整体。香案上陈设烛台和香炉，每当朔望和春秋祭日，烛光摇曳，炉烟缭绕，造成一种庄严肃穆、促人追思缅怀的气氛。

在正厅的次间，檐廊之内有木构架架设钟、鼓。钟在左，鼓在右。有些宗祠，以板状的铜器代钟，外观像磬。岩头的金氏大宗，形制有点逾越，在正厅前造了一对钟鼓楼，钟鼓楼之间是一方水池，[2]这种做法在全国都少见。

神厨的前上方，明间后坡的檩子上，悬挂着各种荣耀宗族的匾额，

① 谢氏大宗久圮，故祀康乐神主于此。现大宗已于1989年重建。

② 此宗祠只剩下不完整的正厅、钟鼓楼和水池，以及门前的进士牌楼，余均毁。

如“圣旨”“进士”之类。芙蓉村的陈氏大宗里，挂着的一方圣旨匾，是元顺帝为褒扬抗元牺牲的芙蓉村进士陈虞之的。正厅的所有柱子都挂着楹联，内容不外乎颂扬祖先的功业德行及夸耀宗族的历史光荣，用来激励子孙。例如鹤阳村谢氏宗祠叙伦堂有一副楹联是：“江左溯家声淝水捷书勋绩于今照史册；瓯东绵世泽池塘春草诗才亘古重儒林。”上联说的是谢安、谢石、谢玄，下联说的是谢灵运。溪口戴氏大宗楹联之一是：“理学朱程昔承道统；溪山邹鲁今逞文明。”说的是宗族出过著名的理论家。

宗祠里常年有祭祀活动，祭祀的仪式各村略有不同，但都写入宗谱，嘱咐子孙不可怠慢。《岩头金氏宗谱·家规》里规定：“出入必告，朔望必举，时物必荐。四时祭祀各用仲月。祭物须洁，不在繁多。”《珍川朱氏合族副谱》在“族范”里详细规定了宗祠祭祀的方式和规格：

> 元旦：本日五鼓，齐谒大宗祠，少长咸集。该值年子孙设香烛酒果于神位之前。行四拜礼，毕，族长、次长分尊卑以次坐定，令少者自下而上拜贺履端之庆。毕，则各诣小宗祠参拜。
>
> 春分：该值年先期洒扫祠宇，牵牲具馔，请族长诣祠、省牲，随佥执事宰办厥明，咸以冠巾为率行三献礼，毕则会馂。
>
> 清明：用小牢祭始祖之庙，行三献礼，随以次祭于墓所，毕则会馂于祠其余小宗效此例。
>
> 端午：用牲、醴、角黍、乌饭等祭行三献礼，祭毕则会馂。
>
> 重阳：用小牢祭始祖庙，其余小宗惟备香烛酒果拜祭而已。至人家祖先，祭用三牲，行三献礼。
>
> 秋分：与春分同一例。
>
> 冬至：与秋分同例。外用糯米圆，谓之献圆。
>
> 除夜：该值年用果酒香烛交下年值祭者。

可见在封建时代，宗法制度的血缘村落里，宗祠的祭祀活动既频繁又隆重，而且每次参加的人也相当多。

戏台与演戏

永嘉自元明以来便盛行戏剧。楠溪江中游村村都有戏台，附设于宗祠和庙宇里，小小一个廊下村至少就有两座宗祠及两座庙宇有戏台，其他各村大宗祠几乎也都有戏台。宗祠一般比庙宇重要，宗祠的戏台也比庙宇的戏台重要。《蓬溪谢氏宗谱》记载，大宗祠约建于明代中叶，到清代乾隆四十年左右就已经破败，“初大厅圮而基存，故演戏与元宵花灯必于此处。惟五月十三在关帝庙演戏。道光初年，众修大宗，建前进，并建戏台，始在大宗演戏。春迎龙船山与关帝二庙神主至大宗，冬迎仙岩殿与陈十四圣母至大宗庆祀，而五月十三之戏遂废”。[①]至于在关帝庙的戏，连一天都不演了。

在宗祠里演戏是上层雅言文化与下层民俗文化的特殊结合。《鹤阳谢氏宗谱》里曾经规定，在书院里是“小曲、谣辞、艳史等类片纸不得留”。作为礼制建筑的宗祠本来应该比书院更加严肃，却容纳了戏剧。而戏剧，即使是温州人写的《琵琶记》，也免不了“小曲、谣辞、艳史”。以戏剧敬祖酬神，说明传统的正统文化不得不对乡里娱乐的要求让步。

清代初年的学者刘献廷（1648至1695）在著作《广阳杂记》卷二里说：“余观世之小人，未有不好唱歌看戏者，此性天中之《诗》与《乐》也；未有不看小说、听说书者，此性天中之《书》与《春秋》也；未有不信占卜、祀鬼神者，此性天中之《易》与《礼》也。圣人六经之教，原本人情，而后之儒者乃不能因其势而利导之，百计禁止遏抑，务以成周之刍狗，茅塞人心，是何异壅川使之不流，无怪其决裂溃败也。”这段话里指出两点：其一是，正统的儒者要“百计禁止遏抑”唱歌、看戏、读小说；另一点却是，这种遏抑已经“决裂溃败”，也就是说，民俗文化终于冲破了雅言文化的藩篱，迫使正统道学家们接受了

① 此处的理解应是，初在旧基上演，后在新建戏台上演。

“小人”们的人情。戏台之成为宗祠的重要部分，正是这种社会历史现象的见证。

当然，雅言文化对民俗文化是既利用也有所限制的，它会在一定程度上使戏曲成为宣扬封建道德的工具。《渠川叶氏宗谱·重修渠川叶氏大宗祠碑记》里说，原来造于康熙癸辛（原文有误）年间的大宗祠，到光绪甲辰“旧建舞台倾圮，乃舍旧维新。越明年，乙巳，谋于众曰：台之改作，勿以戏观。族人致祭，岁时伏腊，团结一堂，演剧开场，以古为鉴，伸忠孝节义之心，枨触而油然以生”，于是就重建了舞台。这说明重建舞台的最有力论据是“伸忠孝节义之心”。祠堂与戏台就这样在雅文化与俗文化既互相矛盾、又互相利用的情况下结合在一起了。

戏台一般紧接宗祠的门厅，隔院子面对正厅。台面通常是正方形，面阔和进深都是一间，间宽4.5米。渠口叶氏大宗和塘湾郑氏大宗，戏台台面在柱子外拓展半米，比较宽敞。绝大多数宗祠里，戏台向院子内凸出，结构与门屋脱离而空间则是连续的。另一种做法则像豫章胡氏大宗、周宅周氏大宗和桐州蒋氏大宗，戏台就在门厅里，没有凸出，门屋因而必须高大一些。这种做法一般用在廊庑为两层的时候，因此，门屋必定比较高。上述两种做法都以门厅和两侧次间为后台，次间和梢间上部常做夹层，扩大后台。戏台的三面完全敞开，观众围着它看戏。台面高约1.5米，沿台面边缘有大约30厘米高的小栏杆来保护演员的安全。背靠门厅的一侧是太师壁，右边是名为“出将”的上场门，左边是名为“入相”的下场门。太师壁后有一米多宽的候场台，通门厅和夹层的小楼梯在这里上下。台面左侧有一个不大的副台，是伴奏乐队用的“场面”，有独立的扶梯。戏台位于中轴线上，紧挨门厅，为的是演戏敬祖，让祖宗能欣赏演出。但戏台却因此堵塞了中轴线上的交通，而每逢举行重要的仪式时，有些舆轿和圣物必须从正门沿中轴线进入正厅。所以，戏台面的台板通常不是整块的，沿中轴线有一排活动台板，可以抽掉，让路给舆轿。因此，宗祠正面必有三个门，中门一般不开而从两个梢间的门出入。

凸出于院中的戏台上面覆歇山屋顶，檐口较高。戏台形体完整，翼角飞扬，在正厅和廊庑的檐口水平线衬托下，非常抢眼，成为院落的艺术中心，强过于正厅。院落、两廊和正厅前部在戏剧演出的时候是观众席。有些大宗祠，如豫章胡氏的大宗祠，两廊有楼，楼上是女眷们看戏的地方。因为所演的都是地方戏曲，载歌载舞，所以观众也不妨从侧面看戏。除了渠口叶氏大宗院落地面分三段，逐段升高十余厘米外，一般地面都是水平的。因为最大视距不过10米，台面高1.5米，所以视线遮挡问题不大，但在院子里坐着的观众就看不到台面。戏台和观众席的这种组合，使得凡有戏台的宗祠，无论在建筑艺术上还是在功能形制上，都发生了演出建筑与崇祀建筑之间的矛盾、双重性格，互夺轻重。这矛盾反映的是娱乐和敬祖的矛盾，乡民的现实生活与封建伦理之间的矛盾。

戏台上方的藻井十分华丽，是楠溪江最精致的木作之一。塘湾村郑氏大宗和渠口村叶氏大宗的戏台上，都是斗八藻井，由四面枋子上平身科斗栱后尾出两翘后抹角成八角，再斜上出三翘，近似镏金斗栱。这些斗栱都作装饰化变形，精雕细刻，流云卷草，宛转曲折，而且满绘颜色鲜艳的彩画，连檐椽和飞檐椽都绘满了彩画。芙蓉陈氏大宗戏台上的藻井是正方形的，角科和平身科斗栱后尾各出两翘，托住一方平顶天花，镜面上用细木条组成几何格子图案。这藻井不华丽，但十分精致大方，艺术水平很高。①

异型祠堂举例

作为礼制建筑的宗祠，建筑形制比较保守，变化比较少，但在楠溪江仍然有些宗祠的形制与众不同。例如花坛村的敦睦祠（乌府）和西岸村的“大石祠堂”。

敦睦祠是为明代正统年间山东道监察御史、江西按察司佥事、兵科给事中朱良暹造的。据《明实录》卷一百二十载，英宗正统九年八月，

① 廊下村凤南宫戏台藻井大体与此同。

“赐江西按察司佥事朱良暹敕命，并封赠其父母与妻子”。[1]敦睦祠就是为纪念这件特殊的荣誉而建造，因此规格形式壮丽逾常。

敦睦祠的正厅面阔七开间，通长大约22.5米，明间面阔达5.3米左右，进深约11米。中央三间设神厨，后檐墙略向后凸出约1.2米。左右两个尽间有夹层，屋面因此局部升高。11米进深的悬山式顶，山墙面本来显得笨拙，屋面有了错落就好多了。两廊各三间，进深约5.3米。它们的空间与正厅的挂角相连，很宽敞。敦睦祠最大的特点在它的门屋，中央五开间的门就是院落的宽度，将近14米，两翼还各有5.3米，从内部空间看，其实是两廊的梢间。门屋进深不过2米，有40厘米高的台基。台基在明间开一个3米宽的缺口，让石板路直达正厅前阶。大门中央三间采牌楼式，明间高，次间略低。这牌楼有很复杂、很华丽的斗栱。除明间两攒平身科外，其余都是柱头科。中栋柱上的斗栱先出四跳丁头栱，然后再叠三层下昂，还有不少装饰化的处理。柱子既有侧脚也有生起，明间里外的四个抱鼓都是木质的，门枕也是木质的。9.8米深的院子里曾经有戏台，现在还有柱顶石可以辨识。因为门屋其实就是一座牌楼门，进深不过两米，所以戏台脱离门屋而独立，没有后台。[2]戏台台面可拆卸，重大仪典时让出中轴线，供舆轿出入。

敦睦祠正厅结构用鸳鸯厅式的前后两榀屋架相接，当地称二分房。这两榀屋架的前后最高两步钉密接的方椽子，不留椽档。在它们之间的谷地，用草架支撑起脊檩来，再与两榀屋架的前后坡形成统一的两坡顶。这种做法首先是为了避免大厅内部空间过于高旷，同时也可以少用几棵高大的柱子，木材易于取得。敦睦祠坐北向南，大门临横过花坛村前沿的大路。门前原来有品字形三座牌坊，左右横跨大路的是“乌府”与“黄门”，隔路面对大门的是“奕世簪缨”。前两座与祠堂同时建造，后一座稍晚，但也在明朝。这三座牌坊和祠堂大门一起构成大街上很壮观的街景之一，它们有重要的规划性意义。

---

① 良暹后人至今保存正统十年一月初四日“英宗赐良暹父母敕书”各一幅。

② 据老人称，演出时以布围出化妆室。

西岸村的大石祠堂造于清初，是金氏三十五世祖金大绅夫妇的家祠，规模不大，形制和风格都没有礼制建筑的特点，倒很像一所园林建筑。它位于街道的西侧，周围一圈围墙，东向临街一座木门楼。进门楼是一片6米宽的水池，水池在左右两端向后延伸，从三面包围了一幢五开间四合院。四合院也以水池代替中央的院子，宽3.7米，长7米。从木门楼经石板桥到前进过厅，过厅敞开前后檐廊，以座凳栏杆临水池。后进正厅在山坡上，比前进高1.4米，前檐完全敞开，栏以美人靠。美人靠下是蛮石挡土墙，直插入水池中。两厢各三间，厢内有楼梯登上正厅。厅里设神厨安牌位，小木作很精致。这正厅的一个很有趣的特点是，在地面上保留三块山坡上的原岩，最大的约2.8米长，1.5米宽，高出地面大约0.9米。因为金大绅的房派名为“大岩房”，这座祠堂原名为“大岩房祠堂”，所以，有意在正厅留下三块岩石，以应堂名。这做法很有点幽默感，后人漫称它为大石祠堂。

大石祠堂不大，在不大的祠堂里，空间和景观因素变化却很大，而且层次多，呈现的画面丰富，各向流动，没有礼制建筑的封闭和肃穆之感。这座祠堂的木墙门的构架很精巧，采用楠溪江常用的多层丁头栱。里外四个抱鼓都是木质的。大石祠堂作为家祠，前后进房子的构件尺寸和空间尺寸都小于一般的宗祠，而与住宅的相同；它的风格也是开朗亲切的，所以与花坛村的敦睦祠大异其趣。礼制建筑竟生活化了，人文气息很浓。西岸村的大石祠堂，从它的整体构思到正厅里的三块原岩，从小木装修到水池的运用，都显示出兴造者心里充满了破格创新的强烈愿望，及对陈规旧习满不在乎的超脱，所以能兴会所至，通变自如。

祠堂的保护

祠堂是宗族凝聚力的标识，意义重大，各村都有严格的管理及维修制度，并且将这些制度记载入宗谱，全族人都必须恪守。如《岩头金氏宗谱·家规》里说：“祠堂周缭以墙，中设大门，严以锁钥，非祭之日，守祠者不得擅开，纵放闲人出入。族人出入，子孙亦毋得邀友聚饮，演武喧哗……祠堂坟屋，稍遇倾圮，亟当议修，量以坟租、祠租内暂行抽贮，以给支费……（不得假此变卖祭田）。如有贤孝子孙捐资乐助者，即当登记于谱。”

虽然各村都有保护规定和措施，宗祠的木结构仍然很容易糟朽。在宗族财力不济的时候，或者经历时变，宗庙可能就会倾圮。所以，遗留至今的宗祠大多经过多次修葺或者重建。只有花坛村朱氏大宗的正厅可能有宋代遗构。可以断定大部分还是明代原构的祠堂，大约有廊下村的朱氏小宗、花坛村的敦睦祠、芙蓉村的陈氏大宗、岩头村的金氏大宗正厅和钟鼓楼等。

祟祀建筑

在楠溪江村落里极少有真正的佛寺和道观，大量的庙宇都是“淫祠”。[①]虽然《白虎通·五祀篇》说“非所当祭而祭之，名曰淫祀。淫祀无福”，但乡民们仍然不理会儒家正统的教条，而向非所当祭者祈福。

巫风与泛灵崇拜

在自然经济的农业社会里，一切都物质化和生活化。村民们既不理解、也不需要精神性和哲理性的宗教；他们的心态是实用主义的，当现实生活发生困难，有了欠缺的时候，就祈求强有力的救助。于是，他们祟祀着一些有求必应的、掌管现实生活各个方面的杂神和半神，按实际需要向这些神灵叩头烧香。关于这些神有许多灵异传说，却丝毫不讲伦理和哲理。迷信是有的，宗教却没有。杂神大多是地方性的，由一些有特殊经历的村夫村妇所变成。

这种情况与南方盛行巫风有很深的关系。嘉靖《浙江通志》说：

① 所调查的中游33座村子中，竟没有一个佛道寺观。但1990年10月，正在调查时，岩头村双溇头有一座淫祠改成了佛寺，举行了开光礼。

“始东瓯王信鬼，故瓯俗多敬鬼乐祠。”嘉靖《温州府志》也同样说：“汉东瓯王信鬼，俗化焉，尚巫渎祀。”南宋大诗人陆游在《野庙记》里把瓯、越间的巫风淫祀写得非常生动：“瓯越间好事鬼，山椒水滨多淫祀。其庙貌有雄而毅、黝而硕者则曰将军，有温而厚、晰而少者则曰某郎。有媪而尊严者则曰姥，有容而艳者则曰姑。其居处则敞之以庭堂，峻之以陛级。上有老木，攒植森拱，萝茑翳其上，鸱鸮室其间。车马徒隶，丛杂怪状。农作之氓怖之，大者椎牛，次者击豕，小不下犬。虽鱼菽之荐，牲酒之奠，缺于家可也，缺于神不可也。一朝懈怠，祸亦随之。耋孺畜牧栗栗然，病疾死丧，氓不曰适丁其时而自惑其生，悉归之于神。”

负有推行儒家教化之责的地方长官一贯反对这种泛灵论的杂神崇拜。明代以后多次禁止，甚至有几位县令，如文林，曾经毁淫祠，但是没有什么效果。

杂祀并非宗教，没有专门的仪典、经籍和神职人员，更不要求专门的建筑形制。一座庙并不限于祭祀一位神灵，除了主祀之外，常有几位陪祀；主祀和陪祀也不一定有什么关系。所以一座大殿里可以杂陈许多神灵。《蓬溪谢氏宗谱·蓬溪四殿记》里记载着：“惟闻仙岩殿杂塑娘娘与杨府圣王、伏魔大帝、陈十四圣母娘娘诸神像。[1]今仙岩殿三进，前进中置炉案而无神像，堂中两旁塑立功曹四，左边塑土地神，右边塑柴氏龙王像。中进中左塑孝祐夫人，足下踏虎。[2]右塑石压娘子、毛氏夫人。后宫石室无梁柱。中进娘娘五，曰刘一、刘二、衰三、衰四、衰五尊神。相传神为斯溪刘进士之妹，衰氏是其嫂也，二月踏青，至大碏山上，因而出圣……其庙止斯溪与蓬溪，别处未有闻者。其神极灵，有求必应。”

① 伏魔大帝即关公。陈十四娘娘传为唐朝福建古田人，在庐山学法，后来捉住兴妖作怪的白蛇精。杨府圣王为温州地方神。

② 孝祐夫人又称卢氏夫人，在楠溪江普遍祭祀。乾隆《永嘉县志》载：“唐卢氏居卢岙，尝与母出樵，遇虎将噬其母，女急投虎喙，以代其母死。后人见女跨虎而行，遂祠祀之。宋理宗谥号孝祐夫人。”

诸位杂神群聚一堂在楠溪江是极普通的现象，如蓬溪村的关帝庙里，竟有济公和孙悟空一同享受人间烟火。可以群处当然就可以替换，例如西岸村西北角的关帝庙，本来为镇禳反弓水而造，后来改为供奉主管生育的娘娘，连庙里的楹联都没有换。这么一来，关平和周仓倒成了娘娘的功曹。

有求必应是实用主义崇祀活动的前提，连神的来历都可以不予深究。例如芙蓉村以南五里的下坞村有一座“陈五侯王庙”，或称“陈五官庙”，据明代洪武二十二年李贞撰的《宋陈五侯王庙碑记》说：“陈五官庙坐镇一乡，民居数千余口，咸依密佑，多历年所，祈祷随感而应，灵显不可殚述。”但是，“神之所自，及侯爵锡何时，庙额之所以为‘显应’，均已不可考”。人们满怀虔诚之心，以香火供奉了一千年之久的神，竟来历不明。

至于那些可考的，也不过是一些神异传说。例如温州府属各县普遍供奉的杨府爷或杨府圣王，据乾隆《永嘉县志·建置·坛庙》引万历《温州府志》说：“临海神杨氏，失其名，相传兄弟七人入山修炼，后每若灵异。”又引《旧志》说：“按神姓杨，名精义，唐太宗时人，生十子，俱入山修道，一夕拔宅飞升，同登仙籍，由此著灵。”廊下村有一座太尉庙，全称“敕封元帅太尉镇公庙”。这位太尉的身份历史已经杳不可考，但从庙里的楹联和匾额看，他曾经非常神奇灵异。例如，有一方匾额是“返风灭火”，另一方是“拯溺援危”。楹联之一是：“采猎入林，数十神灵孤掌斗；逆流至括，半千里路一棺浮。”灵异是成神的必要条件。

除了发财、送子、疗痘、治病，以及无求勿应什么都管的杂神如杨府爷、胡公等之外，还有专管农业生产的三官大帝，就是天官赐福紫微大帝、地官赦罪清虚大帝和水官解厄洞阴大帝。若和人间相对照，他们就是尧、舜、禹三位远古的帝王。三官庙在楠溪江是数量最多的庙，处处可见，并且早已不专管生产，而兼管人事生活了。

香火最盛的是小楠溪的胡公庙，位于传说中陶弘景（456至536）

修炼的陶公洞里。胡公是北宋的胡则，浙江省永康县方岩村人，曾守温州。《宋史》说他“果敢有材气，以进士起家”。明道元年，他任户部侍郎的时候，上疏奏免衢婺两州身丁钱，因而受到人们感恩崇祀，浙东各地都建胡公庙。楠溪江的庙宇大多为一村所有，陶公洞里的胡公庙则有大量外地香客，甚至有远从温州市区来的。

庙宇选址

庙宇的选址变化很大。据堪舆风水之说，庙宇不宜造在村子里，所以多造在村边不远处，如水云村的平水圣王庙、娘娘宫，廊下村的太尉庙、风南宫和芙蓉峰下的广福寺等。

伪托朱熹著的《雪心赋》说：“坛庙必居水口。”水口就是村落的自然环境（常为小流域）里诸水汇集流出的地方。水口忌直露无碍、流水无情而去，最好是有山左右掩映，不教人见到去水。如果“仍见去水，则主易成而也易败，发福不能常远也”，这就要用桥梁、庙宇之类来增加层次，遮拦水口，从而“关锁内气”。塘湾村的山隍庙、蓬溪村的关帝庙和岩头村的塔湖庙就位于村子的水口。[①]

有些庙被造来克服风水的凶相，如关帝庙常造在面对反弓水的地方。蓬溪村在一个三面环山的盆地里，这盆地只有北端有一个缺口，楠溪江中游的支流鹤盛溪由东北而来，到这缺口就转向西北而去。村子的东侧也就是盆地中央，有一条小溪由南向北流，到缺口汇入鹤盛溪，所以北端缺口就是蓬溪村的水口。这里有一个小小的凸出高地霞港头略略遮挡水口，但层次不够，因而需要有一座庙宇增加水口的闭锁性。同时，对蓬溪村的位置来说，东北来西北去的鹤盛溪在这里形成了一个反弯，按堪舆家说法，这种反弓水是大凶的形势，因而在小高地上造了一座关帝庙，借伏魔大帝的神威克服反弓水的凶相。它既掩映水口又镇禳反弓水。同样位在反弓水前，用来镇禳风水凶相的还有西岸村西北角上的小型关帝庙。

---

① 楠溪江上游村落，如岩龙、潘坑、白岩等，这种布局更明显。

堪舆家把村子的来水口叫“天门”，天门要坦直，不像水口要关锁，但却要有堂皇的庙宇楼阁做装饰。楠溪江村落里装饰天门最盛的是岩头村，它在村北一公里余的水门双浚头就造了三座庙，分别是三圣庙、太阴庙及卢氏娘娘庙。①

乡村庙宇的人文性很强，连同天门水口都贴近乡人的日常生活。双浚头娘娘庙前几棵百年老树浓荫蔽天，树下有茶亭，亭内设灶，每年从端午到重阳，免费供应茶水。亭傍大路，晨夕过往行人不断，茶亭中常有荷锄负薪的人歇脚，成为一个郊外的交谊场所。经常成为休息交谊场所的是三官庙。三官大帝虽然掌管农业丰歉，关系到人们存亡的命脉，然而他们却没有像样的庙宇，而是栖身在路亭、凉亭和谯亭里，顶多是把亭子的后檐用墙封住，墙上设神龛。这样的三官庙遍布各处，如芙蓉、花坛、廊下、岭下、下烘头、下园、溪南等，而且通常村落里外都有。同时，重要的水源旁往往有路亭式的三官庙，如渡头村东门大口井、西岸村东北角瓠瓜井、溪南村南边的泉源井和芙蓉村西门外一里左右的水渠头上等。三官中有专管水的禹，因为三官总管农业，与水源的关系当然最大。三官庙和土地庙常有极小的、高不及数尺，像个模型，置于树下或石上，依然香烟袅袅。埭头村卧龙冈下有一口井，井旁造了一个神龛式的小型三官庙。西岸村有一个三官庙，位于村中心大街的丁字路口，面对一条直街，背靠在墙上，像一座壁龛。当然，亭子里的三官庙也有很精致华丽的，如花坛东门的谯亭，神龛和藻井都很饱满紧凑、比例协调、色彩和谐。②

有一些庙造在村子里，与身旁的开放空间结合，形成公共中心。如周宅村的土地庙和它前面的小广场，西岸村的杨府爷庙和瓠瓜井等。岩头村的塔湖庙，苍坡村的仁济庙和太阴庙，都在村子的大型公共园林

① 三圣庙主祀张骞，骞徙西域带回石榴，石榴多子，故张骞主子嗣。太阴庙主祀陈十四夫人，“时麻痘盛行，立而祀之，大获其庇”（《岩头金氏宗谱》）。

② 最重要的三官大帝，其庙宇和香火却远不如村女出身的娘娘们。大约是因为娘娘关心的是家庭私事，崇信的都是妇女，而三官大帝所关心的是公众的事，且多是男性的事。

里，而且也是园林的重要成分。它们其实就是村子的水口，位于巽方。

早年的佛寺道观，大多在远离村落的浅山区，如芙蓉峰上下的崇果寺和广福寺，岩头村北五滩溪旁长蛇坑十八垄的普安寺等。[①]近年来真正的宗教更形衰落，崇果寺和普安寺已经荒败，广福寺因改为供奉卢氏娘娘、陈十四娘娘等七位娘娘才略有香火，得以维持下来。

庙宇的形制

庙宇并没有发展出自己特有的形制来，大多沿袭宗祠，但一般不如宗祠那样高大宽阔、庄严华丽。这种情况鲜明地反映出中国传统文化的一个基本特点，是具有很强的伦理性，儒家思想在其中占着主导地位，不迷信怪、力、乱、神。民俗文化中的泛灵论杂神崇拜，作为不圆满现实生活的补救，虽然屡禁不止，却也只能居于次要地位。

廊下村的太尉庙和凤南宫，形制和规模与一般大宗祠完全相同，有正殿、两庑、门厅以及门厅之内面对正殿的戏台。正殿是七开间，两庑是三开间；正殿和两庑都敞开，不加外檐装修。不过，太尉庙正殿前中央凸出三开间装饰华丽的拜亭，这在楠溪江还是独一无二的。

岩头村公园中、琴屿西端的塔湖庙，原名孝祐庙，造于明代嘉靖年间。坐西朝东，三进两院，三开间。大殿后的小院落是个水池，满植莲花。后进有楼，楼上奉祀孝祐卢氏尊神[②]，右侧陪祀袁氏夫人。《岩头金氏宗谱》说袁氏“御灾捍患，报名如响，为一方之保障焉”。楼上为敞厅，南侧全部敞开，设一排栏杆椅，下临右军池。远眺芙蓉村，田畴如画；尽处淡烟轻霭，缥缈中微露白墙青瓦，参差几十家村舍。这庙宇多少有园林建筑的特色，“登高望远”本来是园林“借景”的手法之一。塔湖庙也有戏台，但造在大门外，与门相对。戏台屋顶取歇山式，翼角高挑，有后台，用悬山顶。因为是一座独立的建筑，所以轮廓特别活

---

① 崇果、广福两寺同时启基于晋，赐额于宋，重建于明成化丙申年（1476）。普安寺初建于唐先天壬子年（712）。

② 即卢氏娘娘，孝祐夫人。

泼。戏台与大门之间8.5米的空地和庙的门屋里是男人们看戏的地方，妇女们则只能在两侧池水对岸远远地看戏，池水是防止男女混杂的鸿沟。平时门屋三间全部用可拆卸的板门扇隔离内外，演戏时将板门取下，门屋就是极好的观众。

永嘉的南戏是为娱神的。唐顾况《永嘉》诗："东瓯传旧俗，风日江边好，何处乐神声，夷歌出烟岛。"说的就是这个风俗。明代劳宜斋的《瓯江逸志》说："温郡之俗，好巫而近鬼，大率佛事道场，靡不尽心竭力以为之，不惜重费。乃若正月初旬，以至灯市，十余日昼夜游观，男女杂沓，竞制龙灯，极其精工。大龙灯一条，所费不下数十金，锣鼓喧阗，举国若狂。"

清中叶道光、咸丰间永嘉县令汤成烈纂县志稿，也说："报赛侈鬼神之会……士女游观，靓妆华服，阗城溢郭，有司莫之能禁。"楠溪江各村，从秋收到来年春种的几个月间是农闲时节，地方戏常有演出，宗祠和庙宇就是演戏的场所。而看戏的时候男女杂沓，一向就是"有司"认为应该禁止的败俗。所以不是把妇女们限在两庑的楼上，就是隔在湖水的外侧。

双溪头的三圣庙、太阴庙和娘娘庙，水云村的平水圣王庙和娘娘宫，塘湾村的山隍庙，霞美村的娘娘庙，形制和规模都与一般的小宗祠相同。这些庙宇大都只有一座五开间的正殿，正殿前面是围墙院落和一座随墙砖门楼。平水圣王庙形式比较特别，它的五开间正殿两端向前出轩一间，这一间上采用歇山顶，正殿则是普通的悬山顶。构造很复杂，但构件搭接合理，全部露明，充分显示了结构之美。立面也很丰富生动。它的院墙正门与正殿不同轴且不平行，显然是风水的缘故，使墙门正对着溪对岸一座轮廓整齐的山峰。《鲁班经》规定，大门的朝向就是房屋的朝向。这座庙孤处于旷野之中，不知为什么正殿没有稍稍转一个角度以便与墙门一致。

楠溪江中游比较大的庙宇是岩头村以北五澌溪旁长蛇坑的普安寺和旧卢岙村的圣湖庙。它们都是三进四合院。普安寺在一个山坳里，四周林木茂盛，苍茫一片。近寺万竿翠竹，竹丛里一座12.6米长的三跨石板桥架在深涧上。这座石板桥造于宋庆元三年（1197），是全永嘉现存最古老的桥，过桥曲折地由东南角到达普安寺门前。庙的总进深51.1米。第一进是门屋，形式简单。第二进是大殿，九开间，进深14.48米，是楠溪江中游现存最宏大建筑物之一，奉如来像一尊。第三进正房依山坡而成两层，上层升高2.4米，而西厢已经倒坍。大殿西侧有跨院，院中有水池一口。普安寺的一个特点是由廊庑发展出的厢房，前后院都有上下两层，总面积相当大。厢房的一部分是禅房，另一部分因庙宇位置荒僻，被充作客房，供香客住宿。全部建筑的风格都是民居式的，朴素而平和。

圣湖庙亦称圣母宫，位在塘湾村东南，泰石村附近一个滨江山湾北缘的山坡上。山湾地势很低，原来有座卢岙村，就是卢氏孝祐娘娘的故里。宋孝宗乾道二年（1166），一场洪水毁灭了卢岙村，以后一直没有恢复，只剩圣湖庙孤孤单单地面对着沧桑变幻。每年雨季水涨，这一片山湾被江水吞没，汪洋千顷，总称为圣母潭。圣湖庙背靠圣母山（原名田螺山），俯视山湾和江湾，景色辽阔，山水重重叠叠、曲曲折折，远处峰峦如屏，点缀些散落的农舍，江上舴艋舟，缓缓来去。

圣湖庙的总面阔19.1米，总进深38.8米。第一进是门屋和戏台。第二进是大殿，七开间，两个梢间外侧都有一道屏障，全用花格组成，很别致；神龛里卢氏娘娘足踏一头猛虎；大殿前的院落很宽敞，两侧是双层的廊庑。由于地势关系，大殿高于院落1.3米，可清楚地看到戏台台面。大殿后的院落十分局促，是个天井；天井之后的第三进顺势上了山坡，高于第二进4.9米。殿里供的是卢氏的母亲，专管子息。特殊的是它的左右两轩，正在天井侧上方，做成了方形的阁子，用歇山顶。它们不但使小小天井里突现了参差玲珑的画境，也使庙宇的侧面起伏有致。这一部分的做法很像水云村的平水圣王庙，不拘一格，随兴发挥，显出乡村工匠的智慧。总括来说，圣湖庙的建筑风格比较堂皇，近于宗祠，不同于民居。

异型庙举例

庙宇是崇祀建筑，与礼制建筑相近，所以形制比较呆板、保守、公式化，形式也比较封闭。不过，楠溪江乡土文化中人文气息浓郁，村落中建筑大多外向开敞，自然明朗，因此，也有一些庙宇的形制和形式接受了世俗性乡土建筑的影响而有所变化。

人文气息对庙宇呆板、封闭性格的克服，突出地表现在苍坡村的仁济庙上。仁济庙是祭祀平水圣王的庙。据明初宋濂《温州横山周公庙碑》所记："神讳凯，字公武，姓周氏。世居临海郡之横阳……及司马氏平吴，与陆机兄弟入洛。张华荐之，神知晋室将乱，独辞不就。时临海属邑……地皆濒海，海水沸腾，蛇龙杂居之民罹其毒。神还自洛，乃白于邑长，随其地形，凿壅塞而疏之，遂使三江东注于海。水性既顺，其土作乂。永康中，三江逆流，飓风挟怒潮为孽，邑将陆沉，民咸惧为鱼。神奋然曰，吾将以身平之。即援弓发矢，大呼，衔潮而入，水忽裂开，电光中见神乘白龙东去……莫知所在矣。俄而水势平，江祸乃绝……（以后屡屡显灵，除治河伏水等等之外，亦有救驾保土等其他神异。）神初封于唐，为平水显应公，寻升王爵，赐衮冕赤舄。宋累加通天护国仁济之号，从祀郊坛，兼赐仁济为庙额。（元代复加尊号，入明之后降为横山周公之神）……仍命守土臣岁修祀事。"

苍坡村的仁济庙位于宽阔的东池与西池之间。两池是由兼作堤防的寨墙拦水蓄成的，用于抗旱；若附会风水之说，同时用于克火。再请了这位平水圣王来坐镇，就无虞水火旱涝了。仁济庙三面临水，左右两侧水面宽阔，正面是连接两池宽约两米的水渠，渠上有一道石板桥架在门前。临水的三面都设五间宽阔的敞廊，贴边置美人靠。于是这庙宇失去了崇祀建筑的封闭和呆板，不再与楠溪江乡土建筑的主调格格不入。它的风格亲切平易，与以东、西池为主体的公园和谐一致，真正成了公园的一部分，充满了生活气息。村人们常常在它的敞廊里凭栏闲坐，享受无边的风月。从东廊观赏望兄亭、从西廊观赏寨门的角度最美，水色

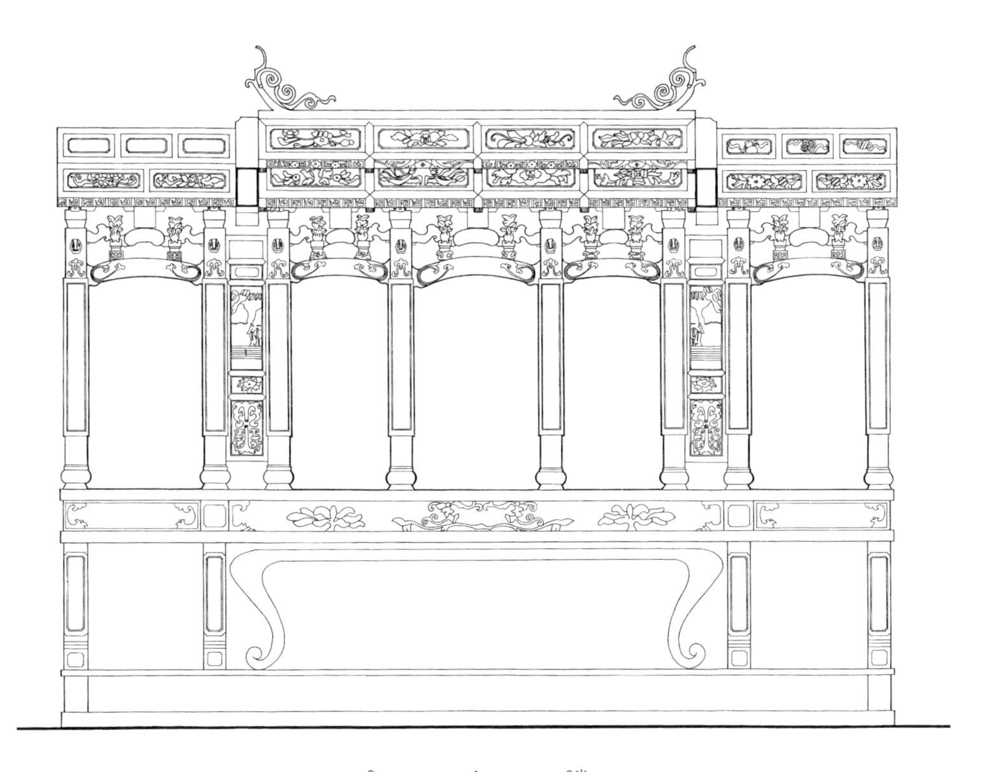

花坦村东门谯亭三官庙神龛立面

如镜，倒影似画，一片空明透净。庙前就是兼作寨墙的堤坝，宽14米，三棵数人合抱的古柏，虬枝鳞干，浓荫蔽日，给仁济庙罩上一层祥和的安谧气氛。庙里和庙外一样，给人意外的喜悦。门屋和正殿都是五开间，与两侧廊庑一起围着一个小小的水池院，池里荷香轻溢。门屋、正殿、廊庑都完全对水池敞开，形成一个统一而很有变化的空间。据《苍坡李氏宗谱》所载，仁济庙是十世祖伯钧公于1180年辞官返乡后造的，但现存的已不是宋代原构。仁济庙前的三棵柏树是宋孝宗淳熙戊戌年（1178）筑堤时，由九世祖西斋公手植的，至今已经历了八百多年岁月，依然苍劲蓬勃。

芙蓉峰下的广福寺，村民称为岩下寺。据岩上寺《峙岩崇果寺大隐智深禅师修理佛殿碑》记载，两寺同时启基于晋，赐额于宋。仁宗皇祐二年（1050）建成，明成化丙申年（1476）天台智者大师圭公募资重修。但据《两源陈氏宗谱·岩下广福寺》载：“岩下广福寺乃吾祖桂公舍建也，屡被火灾，屡施鼎建。正统间又遭火毁，公于天顺元年捐稻五百石重建佛殿，又捐田拾亩为本寺香火。又捐资建寺前大桥，其石刻云：‘天顺壬午岁芙蓉陈君潜捐建’。”天顺元年为1457年，壬午为1462年，也可能在成化丙申前又失过火。不过，现存的建筑确实是晚近才重建的。

广福寺的柱网很乱。正殿三间，左右又有些房间，都是草架，总面阔为26米，进深9米。左右厢房两层。前面只有院墙和随墙门，门外一堵砖照壁。照壁两侧各有古柏一棵，修直而高，传说是初建庙宇时种下的，有800年的历史了。庙的形制很简单，近年又重建了五间后殿，总宽18.1米，深8米，很简陋。三间神厨供奉着卢氏娘娘、陈十四娘娘和其他五位娘娘，都是乡土神祇。正殿里早就没有了佛像，倒是三间神厨还在。乡民们敬神为的是解决生活中的实际问题，他们觉得本乡土出身的娘娘们亲切贴心，远比西天佛祖可以信赖。前院的侧厢，楼上楼下是禅房和客房，由于广福寺远离村落，有些香客需要留宿。庙内原有一个不小的香积厨，现在已经荒废。至于后院的两厢则没有恢复。

广福寺的选址很好。它位于峡谷口上，前面是比较平缓的坡地，一直伸展到里岙村、下园村，再远便是芙蓉村和岩头村。登山的道路在寺的南侧开始盘旋拾级而上。上去一公里左右是崇果寺，俗称岩上寺，现在已经没有了。路和寺之间是一条溪涧，涧底怪石突兀，水声清越，有一座拱桥过涧通向广福寺。广福寺是上山下山的路人歇脚之所。它的纵轴线正对芙蓉峰，一进山门，抬头望去，三块赤红色的悬崖恰好如芙蓉花绽开在屋脊之上，峥嵘奇丽，为庙宇生色。广福寺的特殊之处在于它的形式和风格完全与民间居住建筑一样，反映出民俗文化对崇祀建筑的影响。它虽然是三合院式，但外向开敞，两层楼的左右厢是悬山式的屋顶，有腰檐，向前的山墙错落有致，挑出的山檐和腰檐投下深深的影子在粉壁上，原木的构架也在粉壁上画出生动随意的图案。正殿正脊两端和北厢正脊前端都有很灵动的、很写实的又很华丽有装饰性的吻，这些显然是早年的遗物，而在重建现有的庙宇时拿来安上的。

楠溪江多雨，芙蓉峰多云。朝云夕雨，广福寺前团团烟雾横飞，时浓时淡。粉壁青瓦隐约于重烟薄雾之中，缥缥缈缈，朦朦胧胧，飘逸脱俗，却没有崇祀建筑那种严肃的与人隔离之感。

另一座风格平易、小巧可爱的庙，是西岸村西北角山坡上的娘娘庙。它本是一座关帝庙，用来镇禳反弓水的。它很小，只有三开间的正殿和右侧一间香积厨。正殿总宽8米，进深6米。前院很窄，成为天井。正殿里搬走了关公，供送子娘娘和两位乡土性的娘娘。两位功曹站在正厅中央，他们本来是关平和周仓。由于地形复杂，庙宇虽小，形体却变化丰富。正门偏在左边，进门还得在狭隘的天井里横着上几步台阶。左侧墙开门，木构件把粉墙衬托得格外素白，而粉墙又把大块蛮石砌的墙裙衬托得非常强劲有力。墙裙既不直又不平，明显地向外撇脚，大起大伏，大凹大凸，雕塑感极强。它四周都是高高低低的坡坎，落差大而又陡峭，大多用蛮石砌挡土墙。庙周围参参差差长着老树，浓绿的树荫和一堵堵的蛮石坎墙，把白色的小庙映照得明亮夺目。小庙紧凑多变的轮廓，表现得很强烈，野性十足，却又不失妩媚。

崇祀杂神的庙宇普遍具有的人文性，反映出泛灵论的杂神崇拜本身的人文性。以实用主义为出发点的崇祀，祈求的是现实生活中的福祉，而不是关心某种纯精神性的、抽象的哲理，或者某种玄远的、难以捉摸的空幻教义。由于乡民们对感性美的追求，楠溪江的许多崇祀建筑，在整个乡土建筑系统中显得很和谐，远胜于宗祠。

文教建筑

楠溪江人历经宋、元、明、清四朝“科甲簪缨，珠贯蝉联”，而且出了著名的理学家和诗文作者。文风之盛，文运之隆，在村落体系上的表现之一，就是文教建筑的普及和类型的多样化。最常见的有义塾、书院、读书楼、文昌阁、戏台和其他以教化为目的的各种建筑物。

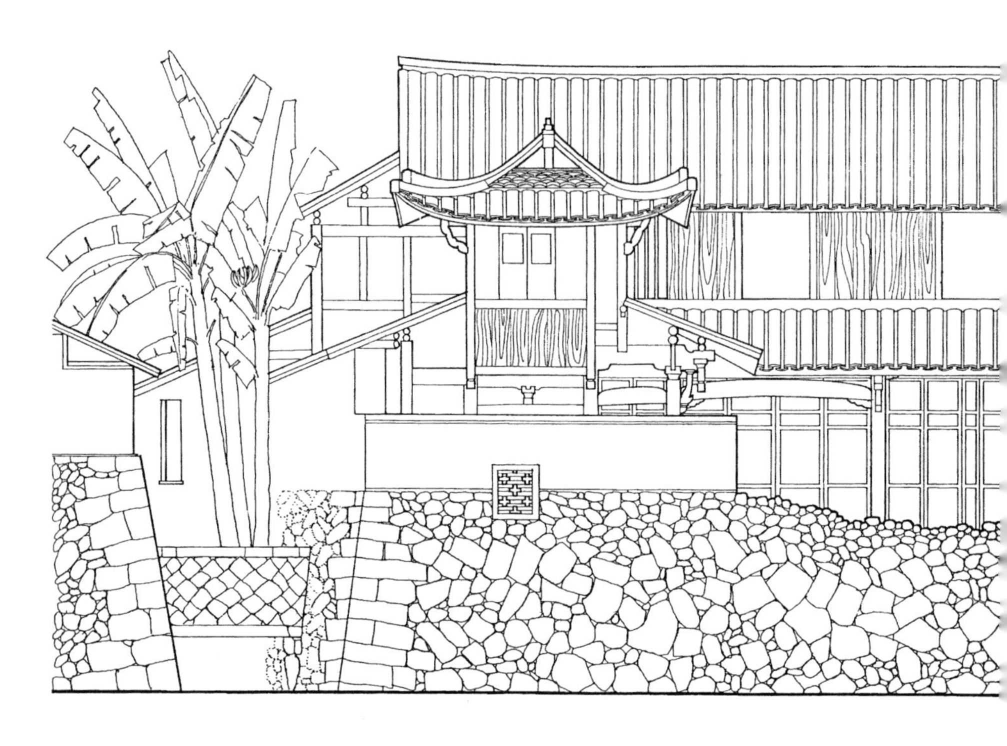

溪口村明文书院立面

书院和读书楼

乾隆《永嘉县志・学校》说永嘉“乡闾社学，本古党庠术序，亦较他州为多”。学校的作用，一是读书准备考功名，二是教化。《茗川胡氏大宗谱・田川胡氏义塾规》里表达了宗族在兴办学校时的愿望：“是以愿人文蔚起，高拔五桂之芳，门第常新，足兆三槐之瑞……愿沼芹叠采，云路同登。”在地方长官和乡绅看来，正如《礼记・学记》所说：“君子如欲化民成俗，其必由学乎！”学校的意义更在于“此吏治所首重，民风所视以转移也”（乾隆《永嘉县志・学校》）。所以乾隆年间，为了平定民风强悍的楠溪江地区的动乱，县丞何森就在枫林办了一所楠溪义学（乾隆《永嘉县志》）。学校是传播儒学正统、捍卫封建宗法制的基地。

地方学校有多种层次。社学、义塾是以学习识字、计数为主，同时也读经书准备考试的初级学校。书院教育则在准备科举之外，还有讲学和其他比较高级的文化学习。

宋、明两代，楠溪江确实有过相当高级的书院。最早的书院之一，溪口（菰田）村的东山书院，是南宋进士、又曾任太子讲读的著名理学家戴蒙辞官之后创办的。由于成绩斐然，朝廷赐额“明文”。明代主持朱垟村白岩书院的朱广文和花坛村凤南书院的朱墨耀，两人都是当地著名学者，著作宏富。墨耀公的学生王瓒，于弘治九年中进士一甲二名，曾任两京国子祭酒、礼部侍郎，也有著作。传说明孝宗因此亲书“溪山第一”匾赐给朱墨耀。豫章村的石马书院，也得退休的明代中书公胡宗韫来论学、题诗。不过，这种讲授高层次学术的书院在楠溪江算是少数。

溪口村明文书院

楠溪江中游几乎村村有学校，有些村落还不止一所，例如花坛村除凤南书院外还有西园书院，芙蓉村在村中心有芙蓉书院，在“司马第”有书塾。[①]这些学校虽然也叫书院，但从明代中叶之后，随着楠溪江经济文化的衰退，它们都不过是初级的义学而已。在康熙《温州府志》里，竟称溪口村的明文书院作菰田塾，表示它“所以启童蒙也”。

书院建筑并没有特定的形制。后期的明文书院甚至与当地的民居完全一样。地段南北长约24米，北端略呈箭矢形，宽度约19米，南端约宽15米。建筑物有楼层，呈工字形，正脊走南北向。正座五开间，南北两端前后出轩，形成东西院落。建筑物四面开敞，在面对院落的方向设廊。两个院落都有对外的门，东北门通村内，西南门通村口。两轩的屋顶向西作歇山，檐角高翘，颇有公共建筑的特色，从西侧村口望去，轮廓很生动。明文书院各个房间的使用情况不明，不过由于义塾的活动简单，各个房间大约也不会有特殊的功用。明间有太师壁，应该是供奉至

① 现存建筑较完整的只有溪口村的明文书院，已非宋代原构。岩头“水亭祠”原为书院，今仅存正堂一座。芙蓉书院仪门早毁，明伦堂于1990年6月毁于火，仅存讲堂。

圣先师或者朱子的地方。

芙蓉书院的形制很正规、庄重。它位于村中心，主要街道如意街的南侧，紧靠芙蓉池。芙蓉书院是封闭的内院式建筑，外墙东西长约52米，顺如意街延伸，南北宽约12.8米。由东向西，依次排列着泮池、仪门、明伦堂和讲堂。仪门前有旗杆一对，明伦堂前有3.2米宽、6.4米长的杏坛。明伦堂三开间，进深9米，后壁中央有神厨供奉孔子。讲堂深也是9米，为扩大中央部分空间，将中榀梁架向两侧移开，所以开间不很整齐；讲堂后壁向一个很狭窄的采光天井开两扇窗子。梁架的移动和开这两扇窗子，都是为了方便讲堂里学子们读书。书院南侧顺南墙展开一所花园，宽约12米，长度大略与书院相等。花园里有土石混合假山和一条水渠，树木茂密。花园西端是书院山长住宅，三开间，进深6米，总宽度只有8米，净居住面积大约48平方米，有一道小门通向讲堂。

岩头村的水亭祠本来是一所书院，《岩头金氏宗谱·宗祠》记载，嘉靖年间，桂林公“原创水亭为子孙课业计，自兹文学振兴，叨膺科第，至今胶序蝉联，绳绳不绝”。桂林公卒后，族众把它改成桂林公的特祠。这座书院的规模是楠溪江最大的。它也是内院式，外墙东西长约65米，南北宽约24.4米。现存只有正堂一座，在西端，七开间，总面宽25.4米，进深13.4米。明间前半部宽约6米，梁架高大，空间宏敞。正堂前是一个大水池，南北宽与正堂总面阔几乎相等，只在两端沿墙各有一条甬道通向末间。池的东西宽度大约21.4米，正中有一道石板桥跨过水池直达正堂明间大门。桥的中央有一座亭子，现在已经毁去，还留下4×4米的石板基座。水池之东，除东端的雕砖随墙门还在之外，其他建筑物都已经完全没有了。故老传闻，原来这里从东到西依次有照壁、泮池、月台和一个亭子。[①]光绪《永嘉县志》里有一幅明正德四年勒石的旧学宫图，明伦堂前也有水池和桥，桥之前是仪门，再前为儒学门。至于传说中岩头水亭祠泮池后的亭子很可能是仪门。

水亭祠的西墙外和南墙外是宽约3至4米的水渠，向东流进不远的

① 据岩头村老人协会七十三岁金可攀回忆。此处现为水泥晒谷场，暂时无力发掘。

进宦湖和镇南湖。渠南是村子的风水山汤山，山头有与水亭祠同时建造的文峰塔。站在书院的水亭里向南望，塔影正巧照在水池里，形成了楠溪江村村追求的风水格局：文笔蘸墨。这水池因而被称为墨沼或砚池。水亭祠和芙蓉书院的规模与村中的大宗祠匹敌，形制和风格也与宗祠相仿。文教建筑与礼制建筑一样，在村子里象征着上层雅言文化的统治，捍卫着封建的秩序。至于溪口的义塾，则等级低，采用的是民间居住建筑的形制与风格。它们风格的差别，反映出乡土文化内部的矛盾。

书院在村中的位置没有一定的规制。芙蓉书院在芙蓉村的公共中心，但大多数的书院大约都在村子边缘风景优美的地方。例如明代造的豫章村石马书院，位于“渠口寨山之麓，后枕高岳石壁，下临溪流深渊”（《豫章胡氏宗谱·古迹》）。塘湾村的甝甡书院，造在屏风岩侧，“岩后百武许有小瀑布……下有重磨岩”（《棠川郑氏宗谱·志地景》）。因此，书院常常列入楠溪江村落的十景或者八景之中，例如溪口村的“蒙公书塾”就是“合溪十景”之一。“十景诗”里写道：“宋第名儒系泽长，东山传有戴公庄；湾中书带草空绿，垄上龙鳞松尚苍。”鹤阳村的书院叫“环翠楼”，鹤阳八景里有“环翠书声”，诗曰：“幽阁崚嶒碧树荣，琅琅中有读书声；半空掷地金钱解，五夜朝天玉佩鸣。”两首诗里写的书院环境都很清静，花木茂盛，大有利于潜心读书。花坛村的西园书院，“其中牡丹最盛”，“前有莲池”，每逢佳日，文士们前去观赏赋诗，书院便成了公共花园。楠溪江村落的建筑，早就有了明晰的环境意识。

书院的建设和管理一般由宗族负责，乡绅们常常是主持人。《茗川胡氏大宗谱·东山书塾记》生动而详尽地记述了这种情况：“茗屿胡氏旧有读书楼，在居之东，极其幽静……尝延师以诲子弟，由是族属衣冠济济，咸知以礼律身……（后读书楼废，文运遂衰）嘉靖癸丑仲至冬日，源泉、乔西二公谋于众曰：先世修周孔之业，吾宗绳绳，颇知大义。向也礼教不及前人，盖由家学失传之故耳。今宜续建精舍，以陶后进，庶几书香不泯，愿克肖者听。皆曰善。于是改卜地于东山之屏，厥土燥刚，厥土孔良。遂匄木植，庀工蒇物，期年而舍成。膴庨壮丽，傍峻垣墉，望之岿然。名之曰东山书塾。量出田租若干石，以为累岁延师教育之费。”书院居然“膴庨壮丽”，“望之岿然”，可见它确实是村子里很重要的建筑。

有一些乡绅在家里构屋作书塾，课读族中子弟，或者读书自娱，如豫章村胡弼在南宋绍兴年间造的“给事厅”。岩头村则有桂林公在嘉靖年间改造的“森秀轩”，位于塔湖庙的南侧，本来是庙的香积厨，但位置优美，前临镇南湖，后傍右军池，所以桂林公把它改成了书斋。桂林公《题森秀轩·其二》诗中有两联：“门植垂堤陶公柳，院开洗砚右军池。谈棋石磴风频至，烹茗松轩月上时。”轩中生活的文化品位很高。轩很素朴，三开间，总面宽10.7米，进深7.5米。环境清幽，确是读书的好地方，则轩也就“何陋之有”了。

文昌阁和文峰塔

和书院关系最密切的另一类文教建筑是文昌阁和文峰塔。

文昌阁祭祀文昌帝君。文昌本是北斗七星里的司禄，后来道教徒把它和梓潼大帝合一成为文昌帝君，“主文昌宫事”，事关功名，受到普遍祭祀。嘉庆六年五月，清仁宗颁上谕：“文昌帝君主海内崇奉与关圣大帝相同，宜列入祀典，同光文治。”从此，文昌阁的重要性就大大增加。光绪《永嘉县志·建置·坛庙》里说文昌庙“各乡皆有，书不胜书”。

在楠溪江的廊下、花坛、岩头、水云各村原来都有文昌阁。它们与书院有密切关系，如岩头村的文昌阁，创建于乾隆庚申年（1740），位于塔湖庙北侧，面临智水湖，与南侧的森秀轩遥应，与水亭祠书院相隔一条流水潺潺的水渠。有的文昌阁兼作书院，如廊下村。[①]与书院一样，文昌阁也大都造于风景优美的地方，往往也成为村子的十景或者八景之一，为人们吟咏的对象。花坛村的“十景诗”里有“文昌登

① 目前已无一幸存，形制与形式均已不可考。岩头村的文昌阁毁于1958年。

眺”二首，其一：“杰阁凌云起，溪山入眼奇……游身图画里，俯仰展须眉。”其二：“……竹疏风弄影，花暗鸟鸣阴，古树浮波静，空潭落月深……”

关于文昌阁选址的慎重，可于《珍川朱氏合族副谱·改建文昌阁记》里见到。清初雍正年间，廊下村的乡绅们集资造了一座文昌阁，“然其地卑下，树木蔽障”，邑庠生朱闻轩觉得不满意。有一天他邀朋友们到桂松岭上闲步，到了“广可亩余”的一处山阿，“见潭水涤洄而涵影，秀峰耸拔以连云；文笔插其右，斗山踞其左，山川环绕，若绣若绮。因喜不胜曰：此真文昌阁基也，可以安神灵而聚风气矣”。于是在乾隆二年将原来的文昌阁拆迁到这块新址重建。潭水涵影，秀峰连云，这新址的环境十分清丽；而文笔、斗山又是文运之所寄，安神聚气，合乎堪舆风水的要求。这位闻轩公的两个儿子都中了举人，宗谱归因于他迁建了文昌阁。

创建文昌阁是宗族的大事，关系到整个宗族的兴衰，因此成为乡绅们的善举之一。《珍川朱氏合谱·慎轩公传》说朱光润捐赀在花坛村“创建文阁……经营结构，鸟革翚飞”。这是一幢两层的建筑，两庑用作书院讲堂，环境十分秀丽，“珍川之胜，于此称第一焉”。这幢文昌阁是“鸟革翚飞”的杰构，所用的大约是歇山顶，是当地最高的建筑等级。

文峰塔从堪舆风水方面影响村落的文运，是被雅言文化接纳了的民俗文化。清人高见南著《相宅经纂》里说“凡都、省、州、县、乡村，文人不利，不发科甲者，可于甲、巽、丙、丁四字方位上择其吉地，立一文笔尖峰，只要高过别山，即发科甲。或于山上立文笔，或于平地建高塔，皆为文笔峰”。楠溪江两岸山峦起伏，山体都是火山流纹岩，经过亿万年的侵蚀，许多村落能够在四近找到仿佛圆锥形的岩峰，可以认定为文笔峰，如蓬溪、豫章、廊下诸村，所以建造文峰塔的村子不多。在中游的村子里，大约只有岩头村和塘湾村各有一座。《棠川（塘湾）郑氏宗谱·志地景》中有“十景诗”，其一为“巽吉山”，诗云：“耸然特立一高峰，恰位东南秀气钟；巽吉更加崇宝塔，文风焕发笔游龙。”可见塘湾村东南方巽吉山上原有文峰塔。现在已经没有了。

岩头村的文峰塔是明代嘉靖年间桂林公兴建的，与水亭祠书院同时。它位于汤山上，汤山在村子的东南，也是巽方。由于山低，不能“高过别山”，所以造文峰塔以增加高度。现在这一座塔也已经彻底毁坏。岩头村文峰塔还剩下几块残石，计檐部二块，塔身两块，平坐一块，基座一块。由残石看，这是一座小型的实心灰白色大理石塔，六角形，楼阁式，每层各有三面有火焰式龛，中刻坐佛一尊。上下分为若干段，每段是一块整石，连挑檐也是从整块石头上凿出来的。从基座看，底层塔身每边长只有29.5厘米。现存两块塔身，一块边长25厘米，一块22.5厘米，高度分别为18和13厘米。两块檐部高分别为12及14厘米。若塔为七层，则总高在2.5米左右。①

文峰塔常有一个墨沼或者砚池与它搭配。塔影落入水中，称为文笔蘸墨，这是大有利于文运的风水。岩头村的文峰塔投影于水亭祠书院里的池中，就是这种风水。天然的文笔峰也一样，如豫章村和蓬溪村就都有墨沼砚池来映照文笔峰。《豫章胡氏宗谱》说到村口的墨沼：“文笔峰倒影如笔尖之蘸水，秀气所钟，可使仕宦迭出，科第连登，文笔代不乏人。”

芙蓉村原来有一座文庙，在东南角巽位上，为的也是有利科甲。庙很小，只有正屋三间、院墙一周而已，现在已经残破不堪。

小品建筑

楠溪江村落大多有些小品建筑，如牌坊、亭、台和过街门之类，它们往往有重要的文化教育意义。光绪《永嘉县志·古迹》说到坊表：“古人志厥宅里，树之风声，可法可传，政教攸繁。”所以牌坊一般造得很考究，位置在宗祠或村门附近，成为村落礼制中心的一部分。

花坛村的牌坊最多，有十二座。它们是：

乌府：明英宗正统年间建，位在敦睦祠前一侧，为兵科给事中朱良

① 此塔毁于1985年，据村老人协会金可攀回忆，塔有七层挑檐。

暹立。

黄门：同上。

奕世簪缨：面对敦睦祠。明嘉靖进士朱腆立，与上二牌坊成组，合成敦睦祠的前导部分。

乡贤：明正德温州知府何文渊为学正思宁公立。

宪台：建于明弘治乙丑年（1505），温州知府李端、永嘉知县刘经为工部给事中朱良以立。[①]位在宪台祠堂前。（今祠堂已改小学。）

钟秀：为举人朱腆立。（朱腆于嘉靖年间中进士。）

公直谆良：明嘉靖丙寅冬永嘉知县程文著为朱双溪立。

翕和：乡绅西华王公为朱莲溪立。

溪山第一：乡进士知凤阳县令朱义川立，朱腆书匾。

为公宣力：邑令伍公为朱小山立。

鸢飞鱼跃：中书舍人周令为朱幽独立，在西园书院内。

松柏寒贞：明崇祯己巳巡按使徐吉公为节妇邵孺人立。

这些牌楼绝大部分排列在花坛村正面，即南面的横贯大路上，造成节奏分明、层次丰富的景观。这是楠溪江最独特的村落景观之一，可惜目前已经没有了。[②]

除了松柏寒贞外，其余牌楼都是为表彰学人而建的。他们或是中了进士、举人，或是当了高官，或是在本乡有很盛的令誉，或是为乡里做了大好事。总之，都是足以荣耀宗族、“可法可传”的。

“溪山第一”传说是明孝宗应翰林院编修、两京国子祭酒、礼部侍郎王瓒请求，题给朱墨臞的。朱墨臞是花坛凤南书院山长，王瓒的老师。现存的溪山第一坊位于大路的西端，其实是一座过街门。它的东侧，路北是初建于宋代淳祐己酉年（1249）、扩建于明代成化的朱氏大宗祠，名桂芳堂；路南是一座兼作三官庙的茶亭。祠东有牌坊。四者形

① 朱良以，永乐二十年（1422）进士，退隐后进阶朝列大夫，著有《静斋书稿》《政录》等。

② 只剩下宪台牌楼一座。大路之南已建满新房屋，大路成了穿村的街道。

成一个建筑群，是大路的起点，全村主要的礼制中心。

宪台牌楼在宪台祠堂前，为四柱三楼式，高5.95米，通宽6.28米，风格雄浑庄重。中央两棵柱子是石质方形的，两端则各有一对圆形木柱，前后并列。牌楼用斗栱，结构很特别。在明间的大额枋上，先用两攒平身科斗栱前后各挑出两跳托住一根月梁式的秀美枋子。枋子上再有三层下昂托住挑檐檩。枋子的两端延长为次间的挑檐檩。两端的各一对圆木柱就支承这挑檐檩。

岩头村的进士牌楼和这座宪台牌楼风格相同，是明世宗赐给大理寺左寺右寺副、后来迁任瑞州知府的金昭。它造在金氏大宗祠正门前左侧，与正门成直角，但与岩头村北门进来的大街平行。进士牌楼四柱三楼，通面宽8.46米，明间宽4.6米，柱高4.4米，总高7.63米。尺度和体量都比花坛村宪台牌楼大，非常雄伟壮观，挺拔刚劲。中央两棵柱子是石质方形，外侧两棵则是木质方形，柱子前后都有抱鼓石。明间大额枋之上有两攒平身科斗栱，也是挑出两跳托住一根月梁形的枋子，上面再有三层下昂，前后下昂后尾交叉托住脊檩。次间有一攒平身科斗栱，单翘双昂。柱头科斗栱形制复杂而不正规，有45度斜出，多装饰性处理。三个顶子都是悬山式，两侧的出山大约1.65米，有一对比较细一点的方木柱前后并列支承出山的檩子。

花坛村的宪台牌楼和岩头村的进士牌楼都造于明代中叶，形制和风格一致。它们都有柱子的侧脚，以及起结构作用的下昂和丁头栱，也都有形式柔美的月梁，由生起及升头木形成的檐口和正脊的完整曲线。这些做法都是宋代建筑中常见的，而在明、清以来的官式建筑中早已绝迹。[1]

花坛村敦睦祠（乌府）的大门和苍坡村的寨门，结构的形式和做法与这两座牌楼大致一样。

岩头村的正门是北门，原名“仁道门”，是为纪念始迁祖刘进之

① 我们找不到熟悉这些做法的地方工匠，因此不知道它们的地方名称。而不论用清式或宋式名称，都不易于配套。

岩头村丽水桥和接官亭（李玉祥 摄）

（1095—1166）公正处事，广施仁德，多次赈济灾民的义举而造的，如今已毁坏不存。枫林镇则还完整地保存着明代成化年间建造的“徐尹沛尚义之门”，供奉明宪宗旌表徐氏兄弟友爱的诏书，所以俗称圣旨门。溪口村则有“明文里门”，本来是南宋时造来悬挂宋光宗赐给戴蒙主持的书院的题额，现存的显然不是原构。这三座门都成了村子公共中心的组成部分。封建的伦理教化和价值观就通过建筑环境而悄然向人心沁进。

圣旨门三开间，两层楼阁式，上为歇山顶，下有腰檐。它在枫林镇主街的北侧，一条垂直于主街的次街在它的门洞下向北笔直而去，但不长。隔着主街，南面是一个水池，叫圣旨门湖，湖里有长方形亭子一座。这个小小建筑群成了枫林镇的休闲中心，终日都有人坐在圣旨门门洞里两侧的台基上和湖中的亭子里聊天。

明文里门在溪口主街的东侧，也是一个丁字路口。它比较小，只有三开间，单层，悬山顶。形制的级别比较低，显然不是原物。过门不远便是公园的大水池。

楠溪江还有一对小品建筑，被田夫野老们传诵着，流露出农家朴实的感情。这就是苍坡村的望兄亭和方巷（岙）村的送弟阁。

苍坡村李氏七世祖有秋山、嘉木两兄弟。据宗谱记载，南宋建炎二年（1128），哥哥秋山迁居大约二里外小溪对岸的方巷村。兄弟情谊深重，往来频繁，“会桃李之芳园，叙天伦之乐事”。于是兄弟各造一座亭子，遥遥相望，寄托依恋之情。

望兄亭造在苍坡村3米高的寨墙上，正方形，边长5米。四棵金柱，十二棵檐柱，在四角形成四组柱子的集簇，檐柱间设美人靠。屋顶为歇山式，梁架有简单的斗栱。它北临东湖，南望远处方巷村的送弟阁，视野宽阔。望兄亭与西侧的仁济庙、大宗祠、寨门一起组成苍坡村重要的公共中心，并和寨墙上几棵参天的古柏构成了苍坡村正面很活泼灵动的轮廓线，这是楠溪江古村落最动人的建筑景观之一。亭子微微转侧，呈现出最多变的形体，在这幅图画中起着突出的作用。

送弟阁形制与望兄亭相同，傍小溪上石板桥，遥望情意绵绵的望兄亭，正好观赏苍坡村多致的正面。这两座小品建筑虽然已经不是宋代原构，但风格依然浑厚。它们的美人靠上经常坐着些休闲的人，评古论今，兄弟友爱的故事像谢灵运的“池塘春草”一样沁入乡民的心田。望兄亭的楹联“礼重人伦明古训，亭传佳话继家风”，道出了这对小品建筑的人文意义。

楠溪江不少村落还有一些供人流连风景、读书吟咏的亭榭，最有名的是鹤阳村的临清楼。“鹤阳八景诗”之一写临清楼：“危楼高架碧溪遥，乌帽登吟白发年……幽窗帘卷看山坐，宝篆香残枕瀑眠。”在这楼里过着的是高级的文化生活。可惜这类文化建筑目前已经毁坏无余了。

戏台

南宋以来，浙东沿海一带就流行南曲戏文，称温州杂剧或永嘉杂剧。明祝允明《猥谈》说：“南戏出于宣和之后、南渡之际，谓之温州杂剧。”徐渭的《南词叙录》说：“南戏始于宋光宗朝……或云宣和间已滥觞，其盛行则自南渡，号曰永嘉杂剧。”

杂剧，如温州人高明写的《琵琶记》虽是文人作品，但与民俗文化有很深的关系。据光绪《永嘉县志·风土志·民风》载，温州人从隋唐以来就“尚歌舞”，“至于上元灯火，端午竞渡，争奇炫新，靡财奢费，略不顾惜。仕女游观，靓妆华服，阗城溢郭”。明人陆容的《菽园杂记》说到成化间浙江地方戏流行盛况时说：“嘉兴之海盐，绍兴之余姚，宁波之慈溪，台州之黄岩，温州之永嘉，皆有习倡优者，名曰戏文子弟，虽良家子不耻为之。”清代道光年间，温州各城镇直到山乡都设乱弹戏馆，招收农民子弟学戏。在永嘉县就有枫林、永强、楠溪、武石、港头浦、峰头、乌牛七座戏馆。其中至少有枫林、港头浦和楠溪（？）三座戏馆在楠溪江中游。地方戏盛行，需要很多演出场所，大部分的戏台在宗祠和庙宇里，常借岁尾年头、祭祖酬神的机会演出。

不附属于宗祠和庙宇的独立戏台很少，只水云村有一座，造于清光绪壬辰年（1892），叫作赤水亭。①赤水亭位于村子前沿等高线蜿蜒而行的道路外侧，正好在一道落差将近两米的断坎上。它的平面呈“凸”字形，由一个长边10.2米、短边9.6米的凉亭和一个4.3米见方的戏台组成。亭子贴近道路而相隔一条沟，有一条一米长的石板桥相通，桥头还有一方拦阻猪狗的石板。亭子平日是村民休闲的场所，在美人靠上终日袒胸跣足，纵论上下古今、稻黍桑麻，一片悠然亲切的景象。每逢演戏，亭子就成了后台。戏台面向村外，距溪流大约18米。利用地形的落差，戏台面正好高于台前空地1.5米左右，观众就在这空地看戏。戏台与亭子之间有一道太师壁，在亭子一侧设神龛供奉三官大帝。左右有出将、入相的上下场门。亭子有美人靠，戏台则只有沿边缘的二十多厘米高小栏杆，以免妨碍看戏。两部分各有一个歇山顶，正脊互相平行，结构用勾连搭。天花上和太师壁上布满鲜艳的彩画，以故事题材为主，大多和戏文有关。图画之多，色彩之华丽，在楠溪江绝无仅有。所有柱子都有漆写的楹联，是乡人清代孝廉陈子万撰的。亭子上的有：“观鱼槛外桃花浪，系马阶前柳叶风。”戏台上的有：“听空中謦欬如歌乎？是活现情形非戏也。”一面是潇洒闲适，一面也不板起脸来作道学说教。这座与休闲

① 相传村后山中时有赤水流出，饮之能令人长寿，故山又名赤水。（《县志》）

亭子结合的演出场所，气氛和宗祠、庙宇里的戏台多少有些差别的。

其他建筑类型

楠溪江的建筑类型很丰富，一一胪列缕述实在不可能。但有些类型虽然不如住宅、宗庙的重要，不写却会严重失楠溪江建筑面貌之真。本章择要写一写防御工程、路亭和商业建筑，以免缺失过多。

防御工程

楠溪江的村落里，大多数民居和一些公共建筑都是外向开放的，村子的公共中心、绿地、池塘和街巷系统也是外向开放的。它们向人袒露胸怀，像乡民一样纯真、笃诚，随时招呼邻里乡亲甚至过路人到家里闲话尝新。陌生人走进这样的村庄，不会觉得被人用警戒、防范的眼光打量着。然而，在安宁祥和的气氛之下，有不少村落，尤其是河谷平原里比较富庶的，却用厚厚的石筑寨墙包围起来，精心地设计了村子的防御功能。

一个单姓的血缘村落，为了在异己的自然力量和社会力量之前求生存、求发展，往往在宗族关系干预之下，可能使内部的对抗比较缓和。但村落的内聚力越强，就越会以宗族的整体名义来处理村落之间的事务，以致个别村民之间的争端会酿成村落和村落之间的严重冲突。宗族关系又是封建君臣关系的基础，所以每当国家改朝换代的时候，偏僻的楠溪江山村里往往有忠臣义士演出悲壮的故事。至于整个封建时代都会有的农民起义或者草寇野匪，他们当然也不会见到进士牌楼就揖让而去。即使在“科名鹊起”的南宋，温州太守杨简在《劝农文》里也说温州的大患之一是“风俗好争”。元、明以后，风尚渐漓；到乾隆年间，《永嘉县志·风俗》里引《旧志》说，当地“其俗剽悍，其货纤靡，其士风任气而矜节”。老百姓剽悍好争，读书人任气矜节，这个“弦歌之声不绝于耳”的楠溪江，就常常免不了要有激烈的冲突。

楠溪江比较大的动乱，最早是北宋末年方腊义军的到来。方腊事败之后，本地人俞道安又率起义农民奋战了几年。楠溪江的第一次大规模战争则是义兵抗元，这次战争的英雄是芙蓉村的陈虞之。《两源陈氏宗谱》载："虞之公字云翁，登宋咸淳乙丑进士第。始为扬州教授，淮东帅干转两浙漕干，除刑工二部架阁文字，迁秘书省校勘兼国史院编修，辟广王府记室参军，积偕承议郎。元兵至温，公与族侄规公率子侄乡人千余迎战于绿嶂垟，退登芙蓉岩，拒守三载。戊寅闻帝昺溺死，公自刎，岩递溃。规公被执，不屈而亡。时从死者八百余人，被掳者五十余人。"同时，廊下村也有太常寺簿、咸淳四年戊辰进士朱猛善和一位省元，率乡勇一千多人筑城抗元，"然其起事仓卒，力不能支，于是奔溃逃遁，众乃瓦解"（《珍川朱氏宗谱》）。芙蓉村和廊下村以及其他不少村子都被元兵焚毁。

元代楠溪江山寇蜂起，有些村落聚兵自卫，结果称霸一方。元末方国珍军曾经影响珍溪上游毗邻乐清的廊下、花坛一带。本地也有一些"互相攻杀"的武装力量，"焚劫最惨"。[①]

明清易代之际，楠溪江有"不轨之徒，出没其间"。清康熙十四年，三藩之一的耿精忠部与清兵曾在楠溪江大战。战后，清兵把许多村落"烧荡一空"。同时又有"白巾"在楠溪江中游和珍溪上游骚扰，"惨毒万状，民不聊生"。太平军也曾经到珍溪一带，各村组织乡勇"义旗四出，奏凯而旋"。组织乡勇义兵，抗元抗清、抵御太平天国、剿灭山寇，都靠宗族的力量。宗族也使用这些军事力量，为争田、争水、争柴山而挑起村落之间的大规模械斗。正在他们"协力"抵御太平天国期间，枫林村和岩头村就为了争柴山（名为"金山头刀税事"）而反复械斗，杀人放火。岩头村的许多建筑物，包括三列堂皇的进士第被完全焚毁。芙蓉和岩头、芙蓉和溪南、塘湾和泰石等，都因争柴山或溪水而成了世仇，甚至把仇恨写进宗谱，嘱咐子孙永不忘记，且禁绝通婚。

目前保存得最完整的是芙蓉村、廊下村和坦下村的寨墙，其次是岩头村、苍坡村、花坛村。许多村落的寨墙都只剩下断壁残垣。苍坡村的南

① 据《蓬溪谢氏宗谱》，陈友谅是蓬溪谢氏之后。乡民传闻，朱元璋和刘伯温曾在楠溪江潜居。

墙、岩头村的东墙本都是蓄水的堤，当地叫作“埲”，前者可能造于南宋，后者造于明中叶。有些村的墙兼作抗洪的堤，如西岸、港头、周宅、渡头、坦下、廊下、花坛和塘湾诸村。有些村子背后以陡峭的山为屏障，只在前面筑墙，如坦下、塘湾和廊下诸村。大多数的围墙都综合多种的功能。

《棠川郑氏宗谱·新城记》记载塘湾村筑城的经过：“此地左有和龙、合冈，右有天岩、巽吉。四山环绕，名胜纷呈。所惜者独缺其前一面未能蔽御江风，以固我围者也。于是乙未之冬，三时之暇，朝鸣、朝望诸翁因有筑城之议。此议一倡，举地乐从，老者鸠工，壮者累石，同力合作，不数月而告厥成功。额其门曰通德，即取郑公讲学之芳名焉。又其东曰惠门，即王右军所谓惠风和畅之意焉。总记之曰新城，即筑自近日之意焉。是城也，可以为屏藩，可以为锁钥，可以为村坊之风脉，可以为洪水之堤防。一举告成，百端藉利，殆有合乎王公设险以守其国之道欤？”（文成于光绪戊申年，1908）这城筑于光绪二十一年（1895），正是塘湾与南邻泰石村械斗的高潮时期。[①]

因为寨墙有切实的防御作用，所以它是村落明确的边界，寨墙之外就没有散落的住宅。因而寨墙所包的范围，通常大于当时的村落，如花坛村的南部和廊下村的西部，都有大片的空地。芙蓉村的南部和北部各有内外两道寨墙，两墙之间很少房屋。这样既有利于发展，也能在被围时短期内粮菜自足。

兼作抗洪或蓄水之用的墙很厚，而且高。岩头村东墙的最高处达3.5米，厚10至13米。苍坡村的南墙高3米，厚14米。为了防御，常常在作为堤坝的墙体之上再加一道50厘米左右的女儿墙，或者叫胸墙。港头、周宅和渡头临江一侧有一堵两阶的堤坝，第一阶的外侧有一米多高的胸墙，它与第二阶之间形成了一条巷道，仿佛有两道墙。纯粹为防御用的寨墙稍薄一点，矮一点。高度一般是1.8至2米，底脚厚1.2至1.5米，顶端0.6至0.8米。墙是用大块蛮石砌的，下部石块比较大，往上渐渐减小。石块的长度平均在40厘米左右。大多数的墙上设方形孔洞，用来

---

① 1978年因建公路，此城被拆。

瞭望和施放火铳。孔洞宽约15至18厘米，高20厘米左右，距地面多为65厘米上下，少数在1米以上。间距差别很大，近的不过3至4米，或者6至7米。

最雄伟的是廊下村的寨墙，它全长1500米，从西南到东北，保护村子的半边，另外一半则是山坡。墙外珍溪急泻而过，所以它兼作防洪的堤坝。外壁陡峭，从河床起算，高达8米，下部坡脚很大。内壁分三阶，每阶宽大约两米多，高约一米，抗洪或者作战的时候，人员和装备可以在各阶上顺墙快速运动。

寨墙辟门以方便出入。每村必有一座正门，称作“溪门”，形制比较庄重。芙蓉村东门是一座两层的楼阁，三开间，上覆歇山顶。木构架有斗栱，单翘双昂，昂头作象鼻式，曲线很柔和。门的风格很通敞，内外檐的次间设美人靠。明间没有台基，阙作车行道。但从柱子及地面痕迹看来，明间前金柱之间原有闸门，两侧次间用砖墙封闭。当初它也有很强的防御性。

苍坡村的溪门朝南，在东、西两池之间。这是一座牌楼式的门，三开间，中央一间前面设台阶，可以穿过，左右次间各为高台基，不能通行。门的木构架与岩头进士牌楼、花坛宪台牌楼和敦睦祠大门三座明代建筑物大致相同，很可能也是明代的遗物。[①]它的斗栱宏伟壮硕，双翘双昂上层的昂前托挑檐檩，后尾压在脊檩的下面，是重要的斜向构件。下层的昂与上层的昂之间，在外侧垫着一个斗，在内侧则没有，所以两者不平行。所有的构件关系十分明确。虹梁曲栱，形体非常流畅，比例匀称，构图饱满紧凑，是一件木构建筑的珍品。这座门本身的防御性不很强，但它的前面是一口半月形的水池，后面是宽阔的东池和西池，只有一条石板桥穿过两池之间通向村里，所以从整体看，它易守难攻，防御性还是不弱的。

现存的大多数寨门是石券门，在门洞里或门洞上造谯亭。例如廊下村的东北门和西南门，下园村、岭下村、坦下村和上烘头村寨门等。石

① 据《苍坡李氏宗谱》，它初建于宋淳熙年间。

券门洞在相当于券的圆心位置设一根横梁，下面装板门，中央立门楗关死。廊下村的两座门设计特别巧妙：东北角的寨墙向内曲折形成一个方形的凹袋，深12米，宽5米。石券门洞辟在它的西侧，宽约3.6米。这凹袋类似瓮城，攻门的敌人三面被围，而且很难直冲券门。凹袋之前是陡坡，陡坡之下是宽阔的珍溪，只有矴步可走，攻门因而更加困难。西南门略微简单一点，没有凹袋，不过西寨墙在这里左右错开了几米，石券门向北辟在这错开的地方，守门人可以打击攻门人的背后。门前也是陡坡和溪流。

谯亭大都是方形的，有四棵金柱、十二棵檐柱，歇山顶。檐柱间设美人靠，开敞和易，本身没有防御性。如今有不少的谯亭改作三官庙，在后檐墙上砌神龛。岭下村和坦下村寨门的谯亭造型很优美，飞檐远扬如展翼，美人靠、挂落等细节繁简得体，风格很典雅。然而优美典雅的谯亭有些却是防御系统里的重要角色，如坦下的谯亭，可以瞭望村前的大片开阔地；廊下东北门的谯亭，正对着门前的矴步，可监视过来的人。

芙蓉村的南门、东皋村的北门、渡头村的东门，门外都设有亭子，形式与谯亭一样，但大约都没有防御的功能了。它们轻巧的木构架和飘洒的飞檐，与粗犷沉重的蛮石所砌筑的券门，强烈的对比之下，构成很触目动人的画面。

次要的寨门，或者只有一个券洞，或者横置一根石梁，形式都很简单。但有一些更简单的豁口，防御设计却很细致。溪南村的北墙，正对着世仇芙蓉村，中段有一个通达溪边的豁口，口西侧的石墙向前拐出，再向东延伸几米，正好掩住豁口，又与东侧的石墙形成了一个向东的开口。于是，进这个豁口就要经两次转折，而向前拐出掩住豁口的墙上还有瞭望和放火铳的孔洞。花坛村东门的设计更加周到。寨墙在临近溪边留了一个4.8米宽的豁口，在寨墙内侧大约5.5米处，正对豁口造了一面10.2米长的照壁；照壁上有几个瞭望和放火铳的孔洞，正好封锁住豁口。照壁前还有一个大致半月形的水池，深可及腰，以阻滞敌人对照壁的进攻。照壁的北面有一座谯亭，已经改成三官庙。亭内用砖和灰塑做的神龛和木作藻井，非常华丽精致，色彩鲜艳，在同类建筑中堪称独一无二。它们构图饱满，比例匀称，是上好的建筑艺术作品。

时过境迁，村落的寨墙现在完全没有了防御作用。那些没有防洪蓄水功能的寨墙，年久失修，大多倒坍，或者因修路、扩村而拆除了。开敞的村落边界和村内开敞的街巷、住宅一起，给人一种祥和安谧的气氛，教人忘记楠溪江在古老的日子里，不但有过文化水平很高的耕读生活，也有过仇恨和杀戮。残存下来的寨墙遗迹，斑斑驳驳，曲曲折折，只增加村落景物之古意。有些段落，甚至诗情画意，盎然成趣。例如下园村的寨门，位于高坡之上，坡下有三个串联的水池，门、墙、池、路，一色用蛮石垒成，连成一片，隙地里生长着浓密的大树。鲜衣美饰的姑娘们拎着鹅兜到池边浣洗，映照着苍劲的寨门，古今交融，很能引发人的情思。

路亭

楠溪江流域，除了中游以下的主流和几个大支流可以通小船和竹筏之外，全部交通就只靠蜿蜒在山岭之上、沟壑之间的石子小路了。荷重负担，跋涉在这些小路上，异常艰辛。为了给旅人和樵子们歇脚，乡民们沿路造起了一座座凉亭。亭子大多是乡民们集资由宗祠组织兴建的。少量由个人捐造，为父母积德祈福，叫作“孝子亭”。

山路上，亭子之间相距大约五里，选址多近清冽的泉水。亭边通常植树，浓荫覆盖，夏季，给过路人一个凉爽的休息。据调查，楠溪江流域至少有过一千多座路亭，现在还有274座，其中有不少是明、清两代遗构。从路口乡的十二盘到渠口乡的泰石村，一路上亭子保存得很完好，其中有11座造于明代，方形的石柱上还隐约可见“明万历己卯冬月建”或“大明崇祯七年八月建”等铭刻。[1]山路上的亭子一般比较简单，有些不过一间，硬山搁檩。大一点的有三间。河谷平川上，尤其

① 引自叶际开“亭”，见《楠溪江风物》，永嘉县政协文史委员会编。

邻近村落的亭子多为正方形，面阔在4至6米左右，四棵金柱，十二棵檐柱，上覆歇山顶，形式比较精致，不过变化不多。至于变化较大的，如岩头村北双浚头的一座亭子，用悬山顶。溪南村的一座，用粉墙封住前檐，留一个长方形的门，但两侧仍然敞开，在碧绿的田野里，它的粉墙耀眼明亮。西源村有一座八柱的重檐八角攒尖亭，造于清顺治十七年。碧莲镇也有一座重檐八角攒尖亭，多一圈内槽柱子，一共16棵，造于清道光十七年。在越雁荡山脉去乐清县的山路边，有圆形和六角形的亭子各一座。上烘头村的路亭，和埭头村至水云村中途的名为“肃王殿”的路亭，皆背靠山脚，前檐有两层，上层进深大于下层，坐实在山坡上，且有侧门直通山坡。

亭子里设美人靠或者栏杆凳，给疲累的过客休息，同时也成了他们辨认道路、计算脚程的标识。暴雨的黄昏，烈日的正午，那仿佛微笑着迎候归客的亭子，能给攀跻而来的路人或多或少亲切的慰藉。有些近村的亭子，每年从夏初端午到秋末重阳，还供应义茶和暑药。柱子上挂着一串串金黄的草鞋，有大有小，赶路人坐落下来，翻过脚板，看草鞋破了，自己伸手取一双来换上。有些亭子设锅灶，旁边堆足柴草，赶远脚的人，用竹筒带着米和干菜，打一勺山泉水，点上火慢慢煮着，几袋烟一抽，便又精神焕发。岩头村南门口的乘风亭贴一副对联，写的是：“茶待多情客，饭留有义人。”殷勤的主人称过客为“多情”和“有义”的人，心地多么仁厚。小小的路亭，从它们的建造到它们的设施，问饥问渴、嘘冷嘘热，就像乡人们互相间的关怀和体贴正滋润心田。亭子默默无言地伫立在丝雨中、夕阳下，给楠溪江的山水带上了温暖的笑容。行人们在这笑容中认得了父老乡亲。

有许多路亭兼作三官庙，用墙封上后檐，设神龛。在重要的水源地，往往有一座兼作三官庙的凉亭。溪南村南边的泉源井，渡头村东门外的大口井，西岸村东北角的瓠瓜井，芙蓉村西门外一里左右的水渠头等，都有这样的凉亭。因为三官里有一位水官大禹，要祈求他保佑村里清泉常流。也因为妇女们到井边来时多带着孩子，她们劳作的时候，孩子们可以在亭子里游戏；而且楠溪江夏季多骤然而来的暴雨，亭子也是妇孺们避雨的场所。

芙蓉村南门外的渠水很旺，浣衣女很多，所以虽然不是水源，也有一座兼作三官庙的凉亭。这几座凉亭，不论地形、树木、井泉都很优美，成为小小的风景点。

浙东各地常见的风雨桥在楠溪江却不多。只有北部的黄南村有一座，跨在穿村而过的急流上，三开间，连系着溪涧两岸。这也是一种路亭，成了村子的公共中心。农事间隙，人们常到这里聚谈家常。从美人靠上俯瞰溪水，别有情趣。

商业建筑

在历史漫长的农业社会里，自然经济在楠溪江占统治地位。商品交换很不发达，没有什么商业建筑，几副货郎担就满足了乡民对小商品的需求。

到了清代，商品经济渐渐发展，楠溪江边的一些村落里产生了手工业。利用江流航运，以山货土产换取温州商品的贸易活跃起来，过境交通也更加频繁，于是楠溪江中游出现了一些初级的商业中心，其中比较重要的有枫林、岩头、渠口、花坛等村子。这些商业中心有几十里的服务半径，使周围许多村子就只依靠它们的货郎担，而不再发展自己的商业。[①]

这些村子大多在水陆交通线上，路程合适，是山货土产和温州商品的集散地。它们大多也是从永嘉或者乐清到仙居或者缙云的必经之地。乐清产海盐，向浙中、浙西，甚至皖南、赣北等内陆地区去的盐贩，在横穿楠溪江流域的几条道路上络绎不绝。于是，位置适当的村子，除了商店之外，还有了旅店、饭店、茶馆等。到了清代末年，尤其是民国年间，有些村子里，如枫林和岩头，还形成了紧凑集中的商业街道，最早出现了商业建筑。

① 这种情况一直保持下来，到现在大多数村子都没有商业。

商业建筑的形成，最初受到自然经济条件下根深蒂固的重农轻商思想的阻滞。《苍坡李氏宗谱》里明文规定街面上不许开店，小买卖只能在家里做。后来，有些人家在沿重要街道的厢房前端或者外侧，开一个洞口做买卖。再后来，把这前端或者外侧翻改成店面。店面其实很简单，无非是前脸敞开，开关全用铺板，临街设一个柜台。有一些店面的柜台相当于槛墙，台面以上用铺板。家里售货、临街开洞口、翻造店面，这三种类型在商业不发达的芙蓉村、塘湾村等的主要街道上都有。

岩头、枫林、东皋、廊下等初级商业中心的早期商店，形制仍然很简单，而且千篇一律。它们造在村中心的主要街道上，尤其是街道的交会点上，临街而建，面阔一、二、三开间的都有。店面敞开，柜台贴近前沿，购物时，顾客不必进入店内。二、三开间的店铺，也有让顾客进入店堂的，只要把柜台从前沿折返过来，延伸到店堂里就行了。关闭店面时，每间用6块或8块铺板；或用柜台作槛墙，只在台面以上装铺板。稍大一点的店铺，把店号刻在木质的匾上，挂在店面枋子正中，或者刻在木牌上，竖立在曲尺形柜台的里端，正面朝外。一般并没有专门的幌子或者“童叟无欺”之类的牌子。这些商业中心仍然是店宅合一，大多是前后用货柜或板壁隔开，后半间里住人。许多店是两层的，但楼层低矮，裸露着椽子和屋瓦，夏季闷热，冬季寒冷，通常并不住人，只作储藏用。有些手工业品小店，如卖秤的、卖圆木家具的、卖篾编的等，店面的一部分甚至大部分是作坊。因为买卖都是预订的，并不需要陈列或者堆放成品。产品都是传统式样，很少创新，连样品都不必要。

旅店、饭店、茶馆都没有也不必要发展出自己特殊的形制。廊下村前街的西端，在几间店面的楼上有一家饭店。岩头村东门、献义门里有一座茶馆，[①]形式很像路亭，但尺寸大一些。而所谓的饭店、茶馆都不过是比较宽敞的空间而已。

岩头村中心，旧进士街（今名金苍路）南端与横街相交的丁字路口上，有3座“苏式店面”。两座占据转角，一座在横街南侧，斜对着西南

① 今丽水街北端隔河。现已为小商店。

角上的那一座。它们是整个楠溪江村落里最华丽的店铺，都有两层楼。楼上的槛墙外满满镶贴着复杂精巧的木栏杆的装饰。上层略略挑出于下层，槛墙下做垂莲柱，雕饰很细致。位于转角的两座，充分利用它们的位置，门都向进士街和横街两面敞开。这三座店铺的风格是外来的，与楠溪江建筑的朴实并不相协调，但这种对乡土建筑单纯统一性的破坏，恰恰正是商品经济的商业文化特点。进士街是岩头村最重要的一条街道。它的北端是全村最重要的礼制中心，由仁道门、金氏大宗、进士牌楼和贞节牌坊共同形成。它的南端是全村的"主星"所在，主星就是地面上用细卵石镶成的龙凤图案，关系到风水。这三座苏式店面居然夹主星而与大宗相抗衡，反映着商品经济体制与封建宗法制的抗衡。宗谱里规定不许在街道上造店面，岩头村却发展到店面与大宗抗衡，而且是全村最华丽的建筑，表明商品经济一旦产生，就必然会突破宗法制度的束缚，并且逐渐战胜它。

商品经济的进一步发展是产生了商业街。岩头村丽水街是统一规划、一次建成的一条商业街，造在岩头村东缘的蓄水堤上。这道蓄水堤造于明代嘉靖三十五年(1556)，长约300米，称为河埄或者长埄，是桂林公主持的大规模水利和村落建设的一部分。它的西侧形成了一个大水库，称为丽水湖或者长湖，与南面的进宦湖、镇南湖等，都是岩头村农田抗伏旱的保障，同时也是岩头村公园的一部分。岩头十景之一就有"长堤春晓"。民国年间编的《岩头金氏宗谱》里说："吾族昔为风水所迷。河堤之上只许种树莳花与建亭点缀风景而已，不与筑屋经商。凡为商贾者，咸于村内街头巷口之住屋为之。"风水关系到宗族的命运，河堤上不许筑屋经商应该是一个很重要的规定。但是，由于从乐清赴缙云的道路在河堤上经过，"挑盐过缙云，一天一钱银"，来往盐贩络绎不绝；同时，岩头盛产稻米，收获季节大批外地农民涌来帮工。因此，在清代末年，河堤上已经有了零散的商摊。宗谱里说："民元以来，商业日渐发达，四处商贩云集，市场扩大，河埄一带自南而北，路之东西，悉已筑为商店。"在经济利益冲击之下，"昔日之风水迷梦，今则破除之矣"。宗族的命运，毕竟决定于

“一天一钱银”，而不是阴阳八卦。

大约在“悉已筑为商店”之后，丽水街才重新规划重建，成为绵延300米、店面大约90间的商业街。

蓄水堤的宽度在13米左右，商店建在它的东侧，进深大约10米，每间面阔3米上下，有两层。店前有3米宽的小街，街的另一侧就是长湖。[①]整条街都用披檐遮盖，为了尽可能加宽小街，西侧的廊柱都立在一块块向外挑出大约40厘米的天然长条石上。柱子间设美人靠，美人靠悬空临水。所有的店铺都向小街敞开，顾客在街上选购商品，小街成了商店的扩展。街面用块石铺，隔不远就有一道台阶下到水面。阶石都是天然长条石，一端砌进堤岸，一端挑出大约60厘米，每块之间分开，块块脱空，非常玲珑轻巧。店铺都隔成前后间，前间是店面，后间是卧室、厨房等。楼上低矮，大多用于储藏。有些店家，向后延伸出一个后院，则院子就在堤外，比店面低许多。

丽水街南段微微向西弯曲成弧形，造成柔和的变化，消除了长街的单调，并且加强了它和湖水的亲切交往。它的南端是寨墙的南门，门边高台阶上有乘风亭，亭前是通向村里建造于明嘉靖三十七年（1558）的三跨石梁丽水桥，桥头一棵数百年的大苦槠树。浓荫蔽天的老树下，几块天然石板随意地搭在水里，姑娘们在石板上搓洗衣服，雪白的鸭子悠悠地向水底扑啄她们的影子。桥的南侧，就是以琴屿为中心的公园，芙蓉花映着芙蓉峰，溢过桥来。丽水街的北端是献义门，长湖在这里宽不过10米，西岸就是一座茶馆，方方的、轻巧的美人靠映在水中。闲闲地啜茶吸烟漫话今古的老人们，身影也在水光中倏忽荡漾。丽水街上虽然熙熙攘攘，但美人靠外则是一片水色，秋芦夏荷，有看不尽的风光。对岸远处，在竹树掩映之下，粉墙黛瓦，参差几户人家。晚风拂来，淡淡炊烟的苦味，教人心地平和，给奔逐于利途的人一丝温馨。一条商业街而有这样的情境，足见楠溪江文化中强而有力的人文精神。

---

① 《宗谱》中所说“路之东西”造了店，系指丽水街的北段，即献义门以北。

枫林镇的圣旨门街是楠溪江中游最繁华的商业街，风格与岩头村的丽水街完全不同。它以圣旨门为中心，向东西两侧延伸，全长四百多米，是横贯全镇的轴线。从清代光绪年间起，圣旨门两边陆陆续续造起了店铺，因为枫林镇是一个山货土产的集中地。店铺造在街道两侧，街道是封闭的，但有水池、小型广场、转弯、交叉路口等造成空间的变化。圣旨门街没有经过统一规划，商店先后建成，因此形式和形制的变化比较大，但大体仍旧有显著的共同点。店面是开敞式的，一间、三间不等。一般为两层，上层往往用牛腿挑出，牛腿前有垂莲柱。牛腿和垂莲柱等处是雕饰的重点，不过比较简洁，并不华丽。由于街面热闹，店面经济效益高，所以居住部分往往与店铺分离，而造在第二进。一方面是为了增加营业面积，一方面是便于出租或者出让店面，而租赁店面的店家就住在店铺的楼上。

圣旨门街平均宽度约为8至10米，整条街充满着强烈的商业气息，连曾经象征封建宗法制下家族最高荣誉的圣旨门也被商业侵占，只剩下明间的通道了。楠溪江文化的书卷气，终究是竟抵挡不住商品经济的冲击。

主持人后记

这次楠溪江中游乡土建筑研究是在1990年10月至1991年12月之间进行的。这期间有调查，有测绘，有摄影，陆陆续续好几次。主持这次研究的，是陈志华、楼庆西和李秋香，另外有11位学生参加了测绘，他们是丘健、张旗、葛志红、何培基、莫军、杨哲怡、潘彤、刘晓梅、张葵、周榕和陈彤。陈志华主要负责研究的整体设计，撰写了本书。楼庆西主要负责摄影和组织学生的学习和测绘。李秋香主要负责测绘，研究生舒楠也参加了测绘。建筑学院资料室负责照片的管理和制作。

这次研究的全部经费由台湾龙虎文化基金会赞助，由《汉声》杂志社编印出版。下决心放下手边熟悉了的工作，从头做乡土建筑研究，原因之一是急于抢救这些资料。大量珍贵的建筑遗产正在迅速毁灭，永远地失去，不给它们留下一份记录是不可原谅的错误。在研究过程之中，短短一年时间里，楠溪江的乡土建筑就继续破坏了不少。有些是因年久失修而倒塌，如构成坦下村美丽的轮廓的一栋住宅。有些是被拆除，以便在它们的基地上造新房子，如芙蓉村的一栋住宅。有些是遭到意外的灾害，如楠溪江唯一幸存下来的一座书院，被一场大火烧光了明伦堂。有些被改造成“现代”建筑，如岩头村丽水街上的老店面。更教人心焦如焚的，是有些建筑被热心的“保护”者修缮得面目全非，如苍坡村的东池上造了钢筋混凝土的“九曲桥”，仁济庙屋脊上塑起了两条五颜六色的游龙，张牙舞爪，与朴素淡雅的楠溪江村落格格不入。这本书里的有些测绘图和照片，刚刚完成，对象就已经没有了，或者彻底改变了。因此，保存了这些资料值得庆幸，而资料的不够全面、不够细致，又成了永远的遗憾。虽然楠溪江乡土建筑还有许多课题待做，但这一次的研究不得不结束了。这一次工作的收获之一是更深入、更真切地认识到了乡土建筑的研究非做不可，要快快做，赶紧做，迫不及待地做，应该以很大的规模去做。这次工作的另一收获是，认识到了工作的一些难点。例如，乡土建筑大多数不能鉴定年代，不容易弄清村落的规划和建筑的变化过程，有时候是追索原状还是着眼于现状，也举棋难定。本书虽然写了“耕读生活和山水情怀”和“村落规划和建设工作的机制”，以探讨聚落和建筑形成的社会机制以及它们所反映的文化心理，但是，由于缺乏足够的文字资料，农村里又早已没有了了解过去生活的人，这两章写得不很充分。甚至有一些通常认为很简单的技术，也成了难题，例如，这些用原木和蛮石建造的房屋，应该怎样制图，本书采用尺规制图，失去了它们粗犷的野性，而“如实”地画出弯弯曲曲的柱子和梁枋，又几乎是不可能的。采用折中的方法，徒手画直线，恐怕既得不到野性的神韵，又显得草率。以后的每一个课题，怎样捕捉它们各自的特色，大概也会是一个难点。希望在乡土建筑的研究中，每次都有所发现，有所发明，有所创造，有所前进，而不是停留在一个模式上。